天台上的有机菜园

园艺家

赵晶 / 主编

U0245958

中国农业出版社
北 京

图书在版编目（CIP）数据

天台上的有机菜园/赵晶主编. —北京：
中国农业出版社，2019.9
（园艺·家）
ISBN 978-7-109-25343-8

Ⅰ.①天… Ⅱ.①赵… Ⅲ.①蔬菜园艺 Ⅳ.①S63

中国版本图书馆CIP数据核字（2019）第050666号

中国农业出版社出版
地址：北京市朝阳区麦子店街18号楼
邮编：100125
责任编辑：黄　曦
责任校对：沙凯霖
印刷：北京中科印刷有限公司
版次：2019年9月第1版
印次：2019年9月北京第1次印刷
发行：新华书店北京发行所
开本：710 mm×1000 mm 1/16
印张：9.75
字数：200千字
定价：48.00元

前　言
PREFACE

春风十里，不如种菜

　　我在乡村度过了整个童年，从小便不喜欢锦衣华服，养不来奇花异草，乃至现在仍然觉得，逛商场不如逛公园，出门聚会不如在家种菜。

　　种菜，已然成为了我的一大爱好。这一爱好拥有诸多好处，另外几大爱好分别是阅读、写作和旅游。如果说阅读和写作是心灵之旅，那么种菜和旅游就有异曲同工之妙，都是身心兼修的活动。旅游少不了长途跋涉，而种菜需要辛勤劳动；旅游的乐趣在于观察和思考，发现更多的可能性，种菜的快乐在于过程、收获，更在于分享。当然，种菜更具有优势的是，这是一项投资非常少的活动，不需要你斥资多少，也不需要你有多大的地方，哪怕只有几平方米，都能给心灵带来一所秘密花园。

　　我在阳台、院落、大田和天台都种过菜，但说实话，最念念不忘的就是几年前在天台种菜的经历。那是一栋老房子的六楼楼顶，还记得当年，老爸四处捡砖头砌菜池，全家人每天提一桶土上楼，整整3个月才把菜池填满的情景。虽然面积只有30多平方米，但是我们种的番茄、辣椒和豇豆等，都获得大丰收。夏天的傍晚，一边给蔬菜浇水，一边吹着湖边的凉风，天黑了都舍不得下来。那样的日子，纯粹而美好，时至今日，依然令人难忘。

　　不论在什么地点，种过什么品种的蔬菜，我都会做好记录，并且用相机记录下那些花开的瞬间、丰收的场景、劳动的过程。当有了写书的机会后，我除了把它当成一种纪念，更多的是想让大家了解种菜是怎样的一项活动并且喜欢上它。所以，才会从"秀秀我的果菜园"写到"私家秘诀分享"，再到"盆栽蔬菜"和"新特蔬菜"的种植讲解，还有系统回答种植中遇到各种问题的"家庭种菜最被关注的485个问题"，以及这本着重讲解"天台菜园"的书。期待能通过本书，和您一起分享种菜的酸甜苦辣，这正是——人生苦短，道路漫长，珍爱生命，不负时光，春风十里，不如种菜！

目 录
CONTENTS

PART 4

天台菜园种植指南

PART 6

天台菜园种植计划之茄果类菜

PART 9

天台菜园种植计划之根茎类菜

PART 10

天台菜园种植计划之香草和药食同源类蔬菜

PART 1

天台有机菜园——你值得拥有

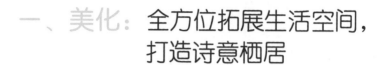

一、美化：全方位拓展生活空间，打造诗意栖居

屋顶与其空荡荡，或者仅仅只作为晾晒空间，不如打造成小菜园吧！这片屋顶上的绿洲能够全方位地拓展你的生活空间。

001 房子空间有限，但你的生活不设限

寸土寸金的城市里，大多数人的居住空间仅仅能满足日常生活所需，但如果有天台，就可以开辟一块天台菜园。这等于打开了诗意栖居的另一扇窗。你可以把你关于美好生活的设想，在天台菜园一一实现，这是供你发挥能力和想象力的自由天地，尽情挥洒吧！

002 我们距离大自然，如此之近

有了天台菜园，就不用驱车到郊区去呼吸新鲜空气了，不用一窝蜂涌到农场去采摘昂贵的蔬菜，大自然，从天涯到咫尺，走几步就到了。而且你会发现，随着小菜园的搭建完善，屋顶上也逐渐形成了一个生态系统，土里的蚯蚓来了，采蜜的蜜蜂蝴蝶都来了，吃害虫的小鸟也来了，整个小菜园变得更加生动而有趣。

003 助力城市屋顶绿化

对于很多城市来说，地面绿化的面积有限，已经有不少人把目光瞄向

了城市屋顶的绿化，这不但是对地面绿化的有益补充，可以提供更多的新鲜空气，同时还能对房屋的保温隔热起到一定作用，更是一道靓丽的城市风景线。相信在不久的将来，屋顶绿化带会渐渐普及，最终成为我们生活的一部分。

二、健康：自种健康蔬菜，享受纯粹生活

天台菜园种的是菜，收获的是健康。自种的蔬菜没有有毒有害化学物质残留，富含各种营养元素。采摘后第一时间品尝，能最大程度保留营养成分。

001 自产的"三无"蔬菜最放心

民以食为天，现在食品安全问题成了困扰广大老百姓的大问题。蔬菜从播种到收获，这中间的过程消费者不可掌控，滥用化肥、农药让大家谈之色变。在自己的天台小菜园，则完全不用担心这些。因为遵循最原始的有机种植方法，自种的蔬菜做到了真正的"三无"——无化肥、无农药、无激素。这样的蔬菜，可以放心地吃，不用清洗很多次，也不用专门的果蔬清洗剂，甚至擦擦就能直接送入口中。还有比这更淋漓畅快的吗？

002 餐桌上的新鲜，近在咫尺

传统的蔬菜，从采摘到包装、运输、批发、零售，几经辗转才能到达我们的手中。而有了天台小菜园，从采摘到餐桌，只有短短几十米，时间长不过一个小时。这样的新鲜体验，是高级餐馆、五星大厨都无法给予的。鲜嫩的蔬菜瓜果，哪怕配上最简单的烹调方法都滋味鲜美，回味无穷。毫不夸张地说，有了天台菜园，人人都会是厨神。

三、减压：劳作放松身心，收获带来快乐

不论是忙于工作的身心疲惫，还是纵横职场的勾心斗角，或是陷于琐事的焦虑烦闷，在天台小菜园劳作时，都能被轻易忘掉。

001 天台菜园，就是你的健身房

工作之余，大家都懂得劳逸结合的重要性，可是窝在沙发里看电视剧，盯着电脑打游戏，坐在桌边打麻将，你真的是在休息吗？是不是越休息越累呢？而且还眼睛酸胀、腰酸背痛，心情也空虚低落。这个时候，你需要天台菜园来作为你的锻炼场地，相比那些动辄花费上千的豪华健身房来说，它也毫不逊色。望向成片的绿色就是在做最好的眼保健操，而浇浇水除除草就像做运动，而在做给蔬菜间拔采收、人工授粉等比较细致的活时，就像玩了一场益智游戏。另外，你还可以将各项活动分解到每天，闲暇时忙活半小时，既锻炼了身体，又把小菜园管理得井井有条。

002 享受农家乐，来我家吧

如今，一到周末，大家都不爱去大商场逛街了，而是急着到郊区的采摘园、农家乐去放松自我，看见什么都新奇，一根黄瓜要拍个照，一朵蔬菜花也要发个朋友圈。小朋友们更是兴奋，玩得满手泥巴、满头大汗，不亦乐乎。可是，当你有了天台菜园之后，还需要舍近求远吗？家里就是农家乐啊，大家想摘就摘，想吃就吃，吃了也不白吃，抓几个"壮丁"来干干农活，也是不错的。在这个过程中，大家交流了感情，放松了心情，还有比这更棒的吗？

003 给心灵来个 SPA

像单纯的蝴蝶，为玫瑰的甜美而飞着；像顽皮的小猫，为明天的好奇而睡着……歌中的场景，是多少都市人梦寐以求的状态啊——简单、自然、纯粹，我们离这些到底有多远？其实，距离很近，近到只相隔着我们心里的一堵墙。拆开这堵墙最好的方法，就是到小菜园去转转，像个简单的孩子一样，为一粒种子的发芽而开怀大笑，为一朵

花的枯萎而低头叹息，仅仅只遵从我们内心最原始的感受。甚至还可以闭上眼睛，聆听蔬菜生长的声音，与它们来一场心灵的对话。这样的心灵 SPA（水疗养生），足以让你容光焕发、勇往直前。

四、亲子：你和家人如此亲近

有没有一个瞬间，让你觉得和家人如此亲近？当然有啊，在天台菜园里的每一分每一秒都是！

001 一家人共同体会种植的乐趣

请记住，建造和打理天台小菜园，绝对不是某一个家庭成员的事，为了这个共同的目标，请来一场家庭总动员吧！建造小菜园伊始，可以请有绘画天赋的家人为菜园画出蓝图，请管理达人制订详细的种植计划，对于一些工程类的活计，则最好请家里的男人们帮忙，而选择和购买物品，则一定要交给家里的网购达人。你会发现，群策群力果然力量无穷，一个之前毫无头绪的菜园，瞬间就出落得有模有样了。

而一家人一同看着种子发芽，一同看着植株开花，一同看着瓜熟蒂落，一起劳动，一起收获，共同体会种植的乐趣，这才是最好的家庭活动。

002 热爱自然的小朋友

相对于其他家庭成员，天台菜园对于孩子来说，更是个有趣之处。首先，这里是他们最早接触大自然，体验生活的场所；其次，通过蔬菜的兴衰荣枯，也让他们更加地敬畏自然，热爱生命，尊重劳动。同时，小菜园也为他们源源不断地提供了富含营养的蔬菜产品。一个可供玩耍、体验的小菜园，胜过数堂昂贵的早教课。

五、分享：快乐加倍其实很简单

予人玫瑰，手有余香，赠人蔬菜，快乐加倍。一份收获的快乐，当你分享给另一个人的时候，快乐就变成了两份。

001 收获的分享

菜园里最高兴、最自豪、最值得骄傲的事情，当然就是收获自己亲手栽下的蔬菜瓜果啦。当你看着成堆的蔬菜瓜果时，心头涌起丰收的喜悦和感悟，是蔬菜对于你精心呵护的反馈，是你付出辛勤劳动的回报。分享喜悦的办法当然是将它们送上更多人的餐桌，让大家都品尝到这劳动的果实。这和当下流行的定制、DIY（手工制作）礼品一样，它的价值不能用金钱来衡量，它代表了主人的心意，凝结了主人的诚意，是当之无愧的馈赠佳品。

002　四海之内，互通有无

除了收获的蔬菜瓜果，种子、种苗、土壤、肥料甚至种植经验、心得，都能够与他人分享。而且分享的范围远远不止你身边的亲朋好友，而是遍布全国乃至全球的种菜爱好者，这群人我们亲切地称呼他们为"菜友"。当地买不到的蔬菜种子，群里就有朋友从外地给寄过来；遇上难题了，发个帖子，就有人解答……互帮互助的和谐氛围，在广大"菜友"中得到完美体现。

003　传递积极的生活态度

"我种的不是菜，是生活！"种菜不仅是一项休闲活动，一个有趣的爱好，还传递了一种积极向上的正能量——比如，辛勤耕种就有收获；多劳多得；生命的顽强不息；无论环境条件如何，都要向着太阳绽放笑脸等。当然，你只要开始种菜，就会发现越来越多的妙处，而且每天都有新的体验，每天都有新的感悟。不少朋友将这些发现迫不及待地和大伙分享。所以，"菜友"的朋友圈、博客、论坛都是为种菜"打 call"

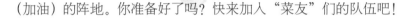

（加油）的阵地。你准备好了吗？快来加入"菜友"们的队伍吧！

菜园心语：给孩子一个亲近大自然的小天地

　　妞妞从一出生起，就一直和家里的小菜园亲密接触。那时候，我的飘窗上种满了菜，我的阳台种满了菜，甚至客厅里的花盆，都种满了菜。所以索性就让她随心所欲地在绿色的蔬菜世界里自由玩耍。

　　一开始她什么都不懂，看见有趣的就要抓上一把，经常辣手摧菜，把刚刚发芽的菜苗直接连根拔起，或者把菜叶一片片撕下来当成鲜花撒满地，还曾把刚摘的红辣椒直接往嘴里塞，辣得自己眼泪直流……这些有趣的场景，都被我用相机记录了下来。现在翻看，仍觉忍俊不禁。

　　妞妞逐渐长大，她不再满足于"调皮捣蛋"，她对大自然有了一种亲近感，主动要求要当一名小菜农，帮我干活。于是乎，满地的黑土黄水，撒得疏密不均的种子，种得东倒西歪的菜苗，成了小菜园的常态。但那有什么关系呢？尝试的兴奋以及动手的乐趣，才是孩子生长过程中最宝贵的财富。现在的妞妞，已经可以独立完成播种、浇水、定植和人工授粉了。你说，她是不是个名副其实的小菜农？

　　长期在菜园里玩耍，也让妞妞拥有两项最主要的收获。一是她很喜欢吃青菜，如果是自己菜园收获的，那更是吃得欢；二是她对植物，对大自然产生了浓厚的兴趣——常见的几十种蔬菜她都能叫得上名字；遇到五颜六色的花儿总是问东问西；捡到一片美丽的树叶、一块奇形怪状的石头也能欣喜不已；至于去野外挖荠菜、摘胡葱，则是她的最爱，不仅眼神好手还快，我都没有她采得多。

　　这样可爱又勤劳的小菜农，你们喜欢吗？

PART 2

亲手规划属于你的天台菜园

一、审视一下你的天台

001 天台种菜的优势

阳光得天独厚：万物生长靠太阳。天台一般都处于高楼的最顶层，阳光不仅充足，而且是全方位无死角地从早照射到晚。所以天台特别适宜种菜，尤其是需要充分光照才能成熟的茄果类蔬菜，比如番茄。天台的蔬菜一般长势都很兴旺，也是这个原因。

雨水露水滋养：蔬菜作为植物的一种，也是大自然的一部分，在享受阳光普照的同时，雨水和露水的滋养，也能让它们长得更为健康、强壮。尤其是雨后的茎叶类菜，"蹭蹭蹭"地往上蹿，一天一个样，叶子绿油油水灵灵，仿佛一幅养眼的画卷。

病虫害侵袭少：由于天台是一个比较独立的空间，不容易被其他地方的蔬菜传染疾病，而地势高也会使害虫尤其是飞蛾类的害虫急剧减少，所以只要土壤和种子本身不带病毒和虫卵，天台的病虫害就不会让人过分担忧。

凡事有利有弊，与这三大优势相对应的，也会有一些小小的困扰，比如没有遮挡，狂风暴雨来袭时会对蔬菜造成一定伤害；由于昆虫的减少，导致一部分蔬菜授粉困难；顶楼水分蒸发较快，浇水的工作量比较大等。这些问题，本书会在后面一一说明并提出解决的方法。

002 天台的属性如何

如果你的房子自带天台，那么恭喜你，你已经实现了拥有天台菜园的先决条件。我们要先看一下天台的属性问题。

如果天台是由物业公司管理，全体业主公用的，那么要开辟菜园，则需要获得物业公司的同意才可以使用。如果是由顶楼住户独有，那么就可以在不违反相关规定的前提下根据你的想法对楼顶进行改造了。如果是私有房屋或别墅，那顶楼就更可以放开手脚来打造啦！

你所拥有的权利越大，你所能改造的地方就越多，屋顶菜园也离你的梦想更接近。

003 天台的面积和形状

天台菜园的面积越大，发挥的空间当然就越大。一般来说，天台菜园的面积一般在60~100平方米，就可以满足一家三口的日常所需。这也是普通上班族业余时间能管理得过来的面积。

面积过小，蔬菜的品种无法合理搭配安排，未免显得单调，也无法保证餐桌上均衡的营养；

面积过大，则要投入更多的时间和精力，有可能加重负担。当然，如果是全职妈妈或者家里有退休老人帮忙照看，那么菜园大一些也无妨。

天台的形状，大部分都是长方形，对于一些异形的天台，还是尽量划分出一块较为规整的场地用于种菜为好。一些边边角角的地方，用来堆放肥料和工具。

二、画出你的宏伟蓝图吧

罗马不是一天建成的，天台菜园也不是一两天就可以搭建起来的，是时候做个规划了。"规划"两个字听起来是不是觉得很复杂？其实很简单，把你对于天台菜园的想法，都一一写下来就是规划！比如：

我想种一片像瀑布一样的豇豆！

番茄家里人都喜欢，可要多种点！

我想搭一个棚子，上面吊满丝瓜，一定特别壮观！

……

写好了吗？接下来，要给屋顶菜园划分几大功能区域，把这些想法一个个都填进去。除了用于种菜的空间外，还需要安排育苗场地、制作堆肥和放置肥料的场地、堆放工具的场地、水源区和休息区等。

　　种植区：种植区安排在光照、通风条件最好的地方，一般位于中央部分。如果天台上有建筑物，则在建筑物外围种上瓜类和爬藤豆类等需要搭棚架的蔬菜，让它们顺着建筑物攀爬，可以节省不少搭架的功夫。如果没有建筑物，则尽量将爬藤的蔬菜安排在菜园的北侧，以免遮挡其他蔬菜的阳光。其余空地分区域分别种植茎叶类、茄果类、根茎类蔬菜。

　　每个种植区域的宽度不超过 1.2 米，这样从两侧都可以够得着菜，方便日常管理和采收。每块区域之间至少留出 30 厘米宽的走道。

　　种植区除了布置成方方正正的菜畦外，还可以布置成 S 形或其他不规则的形状，并在菜畦中铺设几条蜿蜒的小路，这样，可增强天台菜园的景观效果，使菜园显得变化无穷，趣味盎然。

　　建议种植区堆砌菜池种菜。菜池的好处是种植集中，方便统筹安排，结实耐用，成本低廉。如果有大型木头箱，也可以代替菜池使用。木箱可直接定制各种规格和形状。

　　边边角角的地方，可以用容器种植一些盆栽的蔬菜。容器可以是花盆，也可以是各种组合式的蔬菜盆、蔬菜架，还可以是废旧的桶、盆等。

　　育苗区：把向阳、背风且比较通风的地方用来放育苗箱。育苗场地建议做成玻璃温室的形式，以便在气温不稳定的早春或暴雨时保护幼苗不受伤害。

　　堆肥区：肥料尽量堆放在离室内较远的背风角落里，防止异味飘散到日常活动区域。准备几个大型容器来盛放肥料，比如带盖的桶或缸就不错。

　　工具区：将劳保用品、农具等堆放在此处，以方便拿取为佳。这只需要很小的一块地方就可以了。

　　水源区：一般天台菜园至少要一个水源区，以方便浇灌蔬菜和主人劳作后洗手。水源区安排在方便接通自来水管处为宜。如果菜园的面积很大，可以考虑设置 2~3 个水源区。有条件的话，可以砌个蓄水池，用来储存雨水。对于有玻璃房或斜屋顶的天台，可在屋檐下放置一排 U 形槽，将雨水引到蓄水池中。

　　休息区：设置遮阴设施和简易桌椅，以便劳作之余休憩。　面积可大可小，小到可以只是一把椅子，大到可设置秋千、木制或石制桌椅或榻榻米等。

三、有些基础工作，现在就要开始啦

□□1 防水

建天台菜园之前，首先要保证顶楼的地面有足够的承重能力，一般商品住房的承重能力都能满足要求。

接着要进行基础的防水处理工作，以免种植蔬菜后出现屋顶漏水、裂缝等问题。一般来说，天台从下到上需要经过以下几层处理，才能种植蔬菜。如果全部用容器种植，则只需最基础防水层即可。

找平层：在钢筋混凝土结构板上用水泥进行找平。

防水层：涂上专业防水材料。

阻根防水层：一层特质材料，防止植物根系向下生长破坏天台的防水层。

蓄排水层：用吸水性强的、空隙较大的介质如珍珠岩、椰壳、小石子铺设一层，雨天利于植物根系透气，晴天则起到保水作用。最好在这一层的四周都设置排水口。

隔离过滤层：以软性材质为主，可以过滤土壤、沙砾等种植介质，让多余的水分往下渗透。

最后再在上面铺设种植介质，开始种植蔬菜。

如果是商品房，钢筋混凝土结构板、找平层、防水层都已经具备。如果需要直接在地面大面积种菜，则可以铺设阻根防水层、蓄排水层和隔离过滤层。天台的防水处理可以选择资质好、信誉高的专业防水公司来进行处理，以保证防水的效果和使用的时间。

表1　天台菜园建设一览表

项　　目	建设内容或说明
选择蔬菜品种	根据自己的喜好选择需要种植的蔬菜
种植介质	以土壤为主，辅以底肥或其他介质
隔离过滤层	非必须

（续）

项　目	建设内容或说明
蓄排水层	非必须，可用其他粗颗粒介质铺在种植介质的底部代替
阻根防水层	花盆种植不用，地面直接种植多年生植物必须铺设
防水层	如商品房自带或已建设好，可不用另建
找平层	

002 菜池

如果你决定用菜池来种菜，那么在做好防水处理以后，就要开始着手菜池的建设。用菜池种菜不但整齐美观，便于管理，而且能够打造一个类似于大田的种植环境，土壤更容易保水保肥，蔬菜也有更广阔的生长空间。你也可以把它看作是一个超大型的种植容器，只是它的位置一经确定，不能再随意移动改变。

菜池用砖头和水泥堆砌，高度依据品种而定（菜池一般要高出土壤 5 厘米），如果是种植茎叶类菜，15~20 厘米就足够了，如果种植茄果类的蔬菜，则不能少于 30 厘米。

菜池以东西走向、长方形为佳，长度根据自身需要和场地来确定，宽度一般不超过 1.2 米。菜池和菜池之间，需要留出过道，方便通行。

修筑菜池对于技术的要求不太高，所以买来砖头、水泥和沙子，自己 DIY 也可以。在砌完之后最好能有两个晴天，以便让水泥干透。为了节省砖头和空间，对于一些面积不太大、高度在 30 厘米以下的菜池，可以将砖头侧起来堆砌，用水泥加固就可以啦。菜池靠下部的地方，可以留几个小洞，插上塑料的排水管，管子外部与菜池底部齐平，内侧则插入土壤之中。

砖头砌好后，可以在外侧贴上马赛克，既美观又方便清洁，或者在外侧用塑料或木制栅栏装饰。如果是贴马赛克，则注意要每 50~60 厘米留出缝隙，以便让蔬菜的根系透气。

小贴士：马赛克材料质感多样，可以是贝壳、瓷砖、玻璃或金属，运用一种或多种元素来搭配不同的风格，色彩和图案的多种排列和布局方式能让你畅快体验 DIY 的快乐。

□□3 蓄水池

蓄水池和菜池的堆砌方法几乎差不多，但是蓄水池的要求是要坚固、密封性好，不论内侧外侧，砌好之后都要用水泥仔细地涂上一层。同样，你可以用马赛克来装饰蓄水池。蓄水池可以安排在角落里，依据建筑的形状来砌。方形、圆形或者各种异形都可以。如果你有养鱼的爱好，还可以将蓄水池与鱼池相结合。养鱼的水用来浇菜，还具备一定的养分。这种蓄水池不宜太小，蓄水量最好在两立方米以上，空间太小，一般的鱼容易缺氧。建议养殖一些锦鲤、龟之类好养的水生动物。为了营造景观效果，还可以在水里种植一些睡莲。这样，蓄水池不仅有蓄水功能，还是天台菜园的绝佳风景。

004　玻璃阳光房

玻璃阳光房不是天台菜园的必需，但如果天台面积足够大，做一个可以密封起来的阳光房，也是相当不错的。

一是可以用于早春蔬菜的育苗，省去了将幼苗从屋子里搬进搬出的麻烦；二是有些不耐冻的蔬菜，也可移入阳光房过冬；三是遇到狂风暴雨的恶劣天气，也能够为一些蔬菜挡风遮雨。总之，这就是天台菜园的一个避风港。

阳光房的一面可以利用现有的墙壁，高度可以尽量高一些，以2.5~3米为佳。为了节约空间，还可以做几排结实的架子，立体摆放蔬菜。屋顶的钢结构的横梁，可以悬挂某些体积小巧的盆栽蔬菜。

四、天台菜园的种植建议

001　应该做的

合理规划种植品种。这是打造一个有规划的天台菜园必要的步骤。仔细思考在未来一年内想要种植哪些蔬果，并且将它们列一个清单，然后根据它们的播种和收获期，更加合理地安排种植计划。一般来说，种植品种要考虑到全家人的喜好，同时也要保证营养的均衡性，比如茎叶类、茄果类和根茎类蔬果都要适当种一些。我们可以根据下面两个表格，来定制自己的种植方案。

表2　四季蔬果种植表（建议版）

春季（2~4月）	夏季（5~7月）
小白菜、生菜、香菜、茼蒿、油麦菜、蒜苗、西洋菜、土人参、番茄、茄子、韭菜、辣椒、冬瓜、南瓜、苦瓜、丝瓜、黄瓜、豇豆、四季豆、芸豆、莲藕、葫芦、瓠子、芋头、苋菜、空心菜、紫苏、芝麻、花生、黄豆、绿豆、饭豆、红豆、刀豆、香瓜、西瓜、蛇瓜等	空心菜、苋菜、莲藕、甘薯、苦瓜、丝瓜、南瓜、豇豆、四季豆、落葵等

（续）

秋季（8~10月）	冬季（11~1月）
黄瓜、番茄、茄子、豇豆、四季豆、苋菜、香葱、大蒜、大葱、洋葱、韭菜、萝卜、胡萝卜、芥菜、荠菜、小白菜、大白菜、塌菜、莴苣、生菜、香菜、茼蒿、菠菜、芹菜、油麦菜、菜心、芥蓝、红菜薹、包菜、花菜、西兰花、牛皮菜、冬寒菜、甜菜等	芥菜、菜心、大白菜、小白菜、白菜薹、红菜薹、芥蓝、生菜、韭菜、萝卜、胡萝卜、塌菜、菠菜、蚕豆、豌豆等

小贴士：表格中的种植季节，是根据长江中下游地区的气候条件来统计整理的，提供一个种植建议。但我国地大物博，气候条件差异较大，不能一概而论。各地的朋友们要根据当地实际气候条件来微调。

表3 天台菜园种植计划表（示例）

品种名称	类别及页码索引	1月	2月	3月	4月	5月	6月	7月	8月	9月	10月	11月	12月
生菜	P67 茎叶类菜			播种	播种收获	播种收获	收获		播种	播种收获	播种收获	收获	
萝卜	P121 根茎类	收获								播种	播种		收获

小贴士：表格中的种植品种，可以随着经验的增长不断增加，但最好不要超过30个，不然管理起来太过复杂。第二年，则在第一年的基础上进行适当调整就可以啦。根据表格对照一看，就知道一年当中的每个月，菜园里有哪些蔬菜。不要扎堆种植某一个季节生长的蔬菜，以免下一季青黄不接。

充分利用每一块地方。 不论天台小菜园的面积是大还是小，我们都要充分合理地利用每一块地方，让它们发挥作用。一些边边角角的地方，也不要让它们空闲着，可以种植小葱、青蒜等不占太多地方，又能够长时间多次收获的调味类蔬菜。或者种植诸如黄花菜、紫苏等花美叶艳的蔬菜，让整个菜园瞬间就鲜活起来。而如果一个地块的空闲时间只有两个月，那么就可以种上小白菜、油麦菜等长得很快的菜，利用这个空隙采收一茬。

考虑垂直立体种植。 立体化种植，顾名思义，就是通过向上拓展空间，来种植更多的蔬菜。立体种植方法一般有两种，一种是针对盆栽蔬菜来说，可以

摆放在立体的架子上，这样就可以在相同的空间里至少种植两倍的蔬菜。另一种就是对于一些喜欢匍匐在地面生长的瓜类，比如冬瓜、南瓜等，给它们搭起牢固而结实的棚架，让它们在棚架上生长，地面的空间就节省出来了。

002 应该避免的

盲目开始。 未经规划并进行必要准备就开始种植，往往会因为遭受到一些打击挫折而浇灭热情甚至放弃种植。比如提前两周播种的蔬菜，一场倒春寒就能够让它们全军覆没；播种太晚的番茄，因为秋天温度下降，果实还未转红就枯萎了。所以，要认真地做好前期准备工作，再根据计划一步一步来实施。

追求完美。 不要一开始就要求达到完美，体现自身的特点才是最重要的。一旦开始小菜园的基础建设和准备工作，你就会明白"计划没有变化快"，所以不要害怕失败，大胆尝试就好。其中的过程和经验，将是未来菜园建设的宝贵财富。

一次种满菜园。一次种满菜园非常有吸引力，因为整个菜园就像变魔术一样，短期内很快就绿色满园，但是一旦把菜园里的蔬菜都采摘完后，菜园很快就空了。与其到时候再手忙脚乱地去播种，不如一开始就分批种植，这样可以保证菜园里至少大半年都是长满蔬菜的，冬季除外。

反季节种植。作为一个家庭健康型的小菜园，我们建议种植当地当季最普遍的蔬菜品种，这些蔬菜不但长势迅速，而且营养价值也很高，最重要的是，滋味最为纯正。尽量避免人为地进行反季节种植。

使用化肥、农药和激素。在商业化的蔬菜种植过程中，不可避免地会使用到农药、化肥和激素，但是我们在天台小菜园里，要对这些东西统统说"NO"！过量并长期使用化肥会使土地越来越贫瘠，种出的蔬菜口感欠佳；过多使用农药，会导致农药残留，使人体慢性中毒；激素更是会造成人体的多项正常功能紊乱，尤其是对于生长发育的儿童和青少年来说。所以，我们宁愿麻烦一点，也要自己收集制作有机肥；我们宁愿辛苦一点，也要半夜打着手电抓虫子；我们宁愿等得久一点，也要收获自然成熟的蔬菜。

过度使用土地。蔬菜的生长，都是从土地里汲取营养，一茬一茬的蔬菜不断收获，土地的肥力也急剧下降，最终变得贫瘠板结。除了定期施肥外，我们要让土地进行适当的休养生息。这里所说的"休息"，并不是将土地空闲出来，什么也不种，而是通过轮流种植不同种类的蔬菜，来让土壤得到一个放松。就像人如果工作感觉疲劳了，不一定要通过睡觉来缓解，看看书，运动一下，唱唱歌等，都是不错的放松方式。所以，我们要避免在同一块土地上，连续种植同类型的蔬菜，比如这块地今年种植了番茄（茄果类蔬菜），那么第二年就种生菜（茎叶类蔬菜），第三年种豇豆（豆类蔬菜）……两到三年后，就又可以种植番茄或辣椒、茄子等。条件允许的情况下，种植同类蔬菜的间隔时间越长越好，但至少要间隔2年。

表4　蔬菜类型划分表

类　型	收获部位	品　种
茎叶类蔬菜	收获茎叶、花薹	小白菜、大白菜、生菜、菠菜、茼蒿、油麦菜、包菜、菜薹等
茄果类蔬菜	收获果实，雌雄同花，果实数量较多	番茄、辣椒、茄子、秋葵等
瓜类蔬菜	收获果实，大部分爬藤，雌雄异花	黄瓜、丝瓜、苦瓜、冬瓜、南瓜、瓠瓜、西葫芦等
豆类蔬菜	收获豆荚，豆荚内的种子也可以食用	豇豆、四季豆、扁豆、刀豆、黄豆、豌豆、蚕豆等
根茎类蔬菜	收获土壤里的根或者块茎	萝卜、胡萝卜、土豆、芋头、甘薯、山药、生姜等

小贴士：小葱、青蒜等种植量小的调味类蔬菜，一般划归到茎叶类蔬菜中。

菜园心语：做一名矢志不渝的菜奴

一方光影交织的空间，一场橙黄橘绿的园事，做一个矢志不渝的菜奴。

当菜奴是辛苦的，从楼下到天台，把每一捧土每一棵苗每一袋肥料，都如同愚公移山蚂蚁搬家一般，全然不顾形象，狼狈地又拖又扛弄上天台。

当菜奴是脆弱的，天热怕菜菜们晒伤了，刮风怕它们被吹倒了，下雨怕它们被淋坏了，霜打怕它们被冻坏了。太多担心，怕一不小心菜菜们死了，心便碎了。

当菜奴是敏感的，每颗种子的破土而出，每个新芽的畅快舒展，每朵鲜花的娇艳欲滴，每条藤蔓的摇曳生姿，每颗果实的光泽诱人都会触动我心。

当菜奴是痴心的，晨起浇水，傍晚采摘，但大多数时候是对着可爱的菜菜们发呆。

当菜奴是贪婪的，大叶小叶，红果绿果，爬藤的，搭架的，迷你的，喜欢上了便满世界找来种。哪里有团购，哪里有分享，总是少不了菜奴的身影。

当菜奴是淡定的，守着菜与果一起"走"过四季，远离喧嚣，不疾不徐，不惊不扰。渴望今生以植物的姿态存在，陪花开成景，伴果落成诗。

当菜奴是幸福的，因为菜奴的背后有个强大的"菜农团"，偌大的园子仅靠自己的力量是不够的，少不了大力士运土搬肥，支架搭棚；也少不了小菜友浇水捉虫，把这里变成游乐场，让小菜园回荡着欢声笑语。

我爱我的天台菜园。

PART 3

打造天台菜园的必备物品

一、种子和种苗——种瓜得瓜、种豆得豆

种子真是世界上最神奇的东西，一粒芝麻大的种子可以抽出手掌大的叶片，而一颗五彩斑斓的种子也许能给你奉献出数量惊人的一条条豆角。只要给予它们悉心的呵护，种子带给你的惊喜，总是出乎意料。几乎每一棵幼苗都是从种子的底部向上生长，冲破泥土的阻碍，白色的小茎上两片不起眼的小叶子慢慢舒展开，就像一个伟大的举重运动员。

春天播下了什么种子，秋天我们就会收获什么果实。这就是常说的"种瓜得瓜，种豆得豆"。植物最忠实于自身，也最尊重大自然。

⃞⃞1 确定种植的品种和数量

看过本书第二部分后，相信你已经大致确定了需要种植什么蔬菜了，那么，现在就要选定它们具体的品种，并开始准备种子或种苗了。就拿辣椒来说，从体形上看，有大辣椒和微型辣椒之分；从用途来分，有食用椒和观赏椒之分；从形状来说，又有牛角形、羊角形、灯笼形等；从辣度来说有不辣的甜椒，也有辣度适中的芜湖椒，还有特别辣的哈瓦那、超级二荆条等。你需要根据自己的喜好选定最终种植的具体品种，并且将选定的品种列在一张清单上。

天台菜园面积有限，对种子的数量需求并不大。一般来说，越细小的种子播种数量就越大，大粒的种子播种数量就相对要少，比如小白菜播种数量就会比豆类、瓜类要多。以一块 1 平方米的土地为例，如果是播种小白菜，需要一大把，大约有几百上千粒，如果播种豇豆，1 平方米最终能种植 4~8 棵成株，那么你需要准备的种子是 8 的 3 倍，也就是 24 粒就足够了。

☐☐2 带你认识常见蔬菜的种子

十字花科白菜类蔬菜的种子：细小的，圆滚滚的，颜色一般为黑色或红褐色。由于它们长得实在太相似，你很难从外形上分辨出来，所以一定要做好分装和标记，以免满怀热情种下"小白菜"，结果长出来的却是"大白菜"。

生菜类蔬菜的种子：多为灰色长条形，看起来和某种野花的种子差不多。

茄果类蔬菜的种子：辣椒籽大家都见过吧，是的，番茄、辣椒、茄子的种子都是差不多的形状，瘪瘪的薄薄的，像个小耳朵，颜色从白色到浅灰色。比

白菜

生菜

冬瓜

辣椒

豇豆

较特殊的是秋葵的种子，果实成熟后炸裂出一道道裂缝，一不小心，灰色的圆形种子就滚落到土里去了。

豆类蔬菜的种子：种子较大，呈腰果形或椭圆形，颜色黑白红黄都有，还有各种带条纹、带麻点的。最大的特点是种子的一侧有道黑色的印记，我们一般称它为"肚脐"。发芽伊始，就是从其"肚脐"处裂开，长出白色的根须。

瓜类蔬菜的种子：瓜类蔬菜的种子大多数和西瓜子差不多，一头圆，一头尖，扁扁的，颜色有深有浅，个头有大有小，有胖有瘦。苦瓜种子长得有些奇怪，两端都有突出的尖头。

003 选择健康的种子和种苗

种子或种苗的健康，关系到植株之后的生长是否健壮和收获是否丰厚。如何进行挑选呢？掌握以下几个简单的方法，就能轻松辨别其好坏：

表5　种子、种苗优劣辨别方法

方　法	种　子	种　苗
外观	颗粒均匀、饱满	主枝直立，株形匀称、叶片硬挺
颜色	颜色新鲜、自然	叶片厚绿不发黄，根部不发黑
其他	无虫眼、霉斑	无病虫害

小贴士：有时候为了预防病虫害，有些生产厂家在出厂前，就用药物浸泡过种子，使种子表皮呈现出显眼的红、绿、紫等颜色。这样的种子不影响种植，但如果有原色的种子可供挑选，还是优先选择原色种子。

❑❑4 获得种子和种苗的方法

种子店购买。每个城市都有专门的农资商店或种子店，一般适合本地种植的普通蔬菜种子店里都有卖。高楼林立的市中心如果找不到，可以去城乡结合部或郊区乡镇的街上看看。在实体店购买种子有三个好处，一是店主会告诉你蔬菜的种植时间和方法；二是种子质量有保证；三是既可以整包购买，也可以散称零买。经常购买的小店，还可以留下老板的联系方式，以便及时了解其歇业、搬家、新种子到货等信息。

超市、菜市场购买。有些种子在种子店是买不到的，因为它们的"种子"就是可食用的根茎，比如甘薯、芋头、花生、土豆、大蒜等蔬菜的"种子"可以到超市和菜市场购买。

互联网购买。在互联网上，国内国外的各种蔬菜种子都能买到。但是在互联网上购买蔬菜种子，质量是很难保证的，有的发芽率很低，有的干脆不出苗。所以网购种子，一定要注意：一要选择知名度高、口碑好的商标（品牌）；二要认真阅读包装上的种植说明，包括种植时间、温度、湿度、气候及注意事项等内容，对于不适合当地种植的种子不要购买；三要选择生产日期新鲜的种子。因为一般的蔬菜种子最佳种植时间在两年内，再好的种子放置时间过长发芽率也会大打折扣。

亲戚朋友赠送分享。我有很多亲戚朋友都种菜，比如85岁高龄的外婆，还有妈妈、小姨、姑妈等，都是资深"菜农"，因此经常交流分享。谁家的种子品种好、产量高，谁家的幼苗出得早，都可以互通有无。

这里要重点说一下"菜友"之间的互联网分享。很多菜友通过微博、论坛、QQ群、微信群等相识，许多朋友也愿意把自己的种子或种苗分享给有需要的人。这样的分享值得提倡，一是能够让更多的朋友尝试新品种，二是避免了种子的浪费。

那么互联网分享要注意哪些问题呢？作为分享者，首先要确定分享的种类和数量，并进行说明。分享过程中要耐心解答菜友的疑问，细致地做好邮寄地

址的登记和种子的包装工作。分享结束后，要
及时告知网友，并且做好邮件的跟踪工作。

　　作为被分享者，第一，要明白分享只是
种子的一个补充来源，切不可万事都靠分享
获得；第二，要弄清楚哪些是自己确实需
要的，不要盲目索取；第三，在分享中要保
持文明礼貌和心态平和，按照分享者的要求
提供详细、准确的地址和品种、数量，尽量
不提额外要求，收到种子后第一时间报平安；
第四，也是最重要的一点，不论是否分享到
（分享数量有限，有时候即使报名了，也不一
定能够分享到），种子是否收到（平邮邮件有一定的丢失率），种子是否是自己
心仪的品种，种植是否成功，都要对分享者表示感谢。

　　自留种子。买种子固然方便，但是自己留种子也很有乐趣哦！尤其是碰到特
别心仪的品种，自留种子是最好的选择。一般来说，一些留种比较方便，用量又
不大的蔬菜，最适宜自己留种。例如番茄、辣椒、黄瓜、苦瓜、豇豆、四季豆、
木耳菜等，果实成熟后，自己留一些种子就完全可以满足下一季的种植需要了。

　　那么如何自留种子呢？首先要确定留种株，选择健康强壮，没有病虫害，
结果早的植株作为留种株。其次要确定留种对象，要尽量选择靠近植物底部
（部分中部优势植物如辣椒，需选取中部的果实），粗壮饱满，本品种特性突出
的果实作为留种对象。待其完全生长成熟后，才能采收。番茄、辣椒要等它们
红透，丝瓜要等其完全枯黄，苦瓜要待其发红开裂，豇豆要等到豆粒鼓起，表
皮变黄才算成熟。未成熟就收获的种子发芽率低或不发芽。

　　成熟果实采摘后，种子需及时取出来清
洗、晒干，筛选出粒大、饱满、新鲜的种子，
经晒干或自然风干，然后妥善贮藏于阴凉干
燥通风处，等待来年种植。未晾干或密封不
透气的种子容易霉烂。有些种子也可以不用
取出，例如辣椒可以连果肉一起风干成干辣
椒，需要用时再剥出种子。玉米也可不用脱
粒，连棒子一起风干保存。

二、容器——充分发挥你的创意才能

□□1 各类种植容器材质的优劣比较

除了菜池种植外，天台也可以用各种容器来种植，它们的材质不同，其特点也不相同，下面来看看它们的优劣势对比，从而帮助你选择最适合的容器类型。

表6 各种材质容器优劣对比

材　质	描　述	优　势	劣　势	有无排水孔	使用建议	综合性价比
陶（瓦）盆	黏土烧制而成	价格低廉、经久耐用、且透气性较好	笨重、不美观	有	种植不需要经常搬动的蔬菜，不要摆放在高处，以免坠落破碎	★★★★
紫砂盆	陶盆中较高级的一种	造型美观、典雅大方	笨重、价格高	有	种植具有一定观赏价值、生长期长的蔬菜，适宜陈列在室内	★★★
瓷盆	表面涂釉的器皿	外形美观大方，造型多样	笨重、透水透气性较差	有	不直接种植蔬菜，常作为套盆使用	★★★
塑料盆	塑料制成	价格低廉、重量轻、规格齐全、颜色鲜艳、易于购买	透气性一般、容易老化	有	盆栽用土应保持疏松，减少太阳下暴晒，以免加速老化	★★★★
泡沫箱	聚苯乙烯制成	价格低廉、获取方便、耐阳光晒、不易老化风化、易于保温	透气性、散热性较差，装土后不易移动	无，自行在底部打排水孔	确定摆放位置后不要轻易移动，夏季多浇水。废弃的泡沫箱不要自行焚烧处理	★★★★
一次性餐具	透明塑料制成	价格低廉、家庭废物的二次利用	容易老化破裂，一般只能使用1~2季	无，自行在底部打排水孔	多用作育苗容器一个塑料杯播种3粒，一个塑料碗播种8~10粒	★★★★
营养钵	黑色软塑料制成	规格齐全，价格极便宜，方便购买	容易老化破裂，多为一次性使用	有	多用作分苗容器，定植时直接将菜苗连土块倒出，种植在土地里	★★★★

002 容器的形状、规格选择

确定了合适的材质，就要选择容器的形状了。一般来说，方形的容器比较节省地方，在同等面积下摆放得多，种植的蔬菜也就更多。泡沫箱的形状多为长方形，塑料盆也有专供种菜使用的长条盆。

接下来，要根据种植蔬菜的品种选择容器的规格，规格主要是指容器的盆口直径和深度。一般来说，种植普通叶类蔬菜用深度在 10 厘米以上的盆就可以了，甘蓝类、花薹类叶菜和根茎类蔬菜在 15 厘米左右，果实类蔬菜则需要 20 厘米以上。至于盆口直径的大小，可自由选择，但种植数量多的蔬菜适合用大盆，数量少的适合用小盆。

003 一些创意容器的制作

对于容器，我一直主张——能够旧物利用的，就不要购买。所以，家里废旧的花盆、箱子、脸盆、水桶等，都可以用来种菜。

此外，还有一些你想不到的物品，也可以用来种菜。

如各种筐子、篮子：装水果、装礼品经常会用到的各种精美的筐子、篮子，扔掉吧，其实还挺好看的，有点舍不得，可

是放在家里，也没多大用处，还占地方，着实是鸡肋，这下好了，拿来种菜是再好不过了。当然，种菜之前你需要进行一点必要的改造，首先将一个与容器大小符合、结实的塑料袋套在容器里面，然后用针在塑料袋底部扎几个小孔，最后铺上土壤，这样，就大功告成啦！是不是很简单呢。为了美观，装上土壤以后，就把塑料袋多余的边边角角剪掉。这样的容器，配上鲜嫩的蔬菜，古朴当中焕发着生机，怎么看都可爱！

无纺布袋、米袋：家里经常会有这样的袋子，它们也可以改造成种菜的容器，只用在底部扎几个孔就行啦，高度可以剪成你需要的，装上土壤就能种植。唯一不方便的是它们多半立不住，需要靠墙才能立起来，不过也没关系，墙角空余的地方正好显得有些单调，用它们调剂一下刚刚好。这样的袋子适合装上沙质的土壤，种植一些根茎类的蔬菜，比如土豆、甘薯等。每次浇水注意适量，浇太多容易漏出来，流得到处都是。

大号饮料瓶：瓶子剪去上部瓶口，用底部来种菜，这个方法大家都知道，但是让瓶身平躺，在上部掀开一片，然后种上蔬菜，这样是不是就可以种得更多了呢？

总之，只要是能够盛装土壤，大小合适，可以打洞的容器，都能用来种菜，如果你的天台够大，废旧轮胎、浴缸、鱼缸、旅行箱、瓶瓶罐罐里，都能长出美丽的菜菜来！

三、土壤——蔬菜的"主食"

001 什么样的土壤适合种菜

　　土壤在我们的生活中随处可见，但是并非所有的土壤都适合种菜，总的来说，含有丰富养料、具有良好排水和透气性能、能保湿保肥，干燥时不龟裂，潮湿时不黏结，浇水后不板结的土壤是比较适合种植蔬菜的。如何判断土壤的养分是否充足呢？一般我们从颜色上就可以看得出来，黑色或褐色的土壤是比较好的，红土和黄土种的菜，长势就要逊色一些。

002 从这些地方找土比较靠谱

　　找土之前，我们需要先弄清楚一个概念，就是生土和熟土。生土是指从地底挖出来的，没有种植过植物的土壤，比如工程施工挖出的黄土。它们的成分比较单一，黏性较重，营养物质也较少，需要经过改良才能种菜。熟土是指地表层已经能生长过植物的土壤，它们由土壤、沙子、动物粪便、植物落叶等多种物质组成，营养元素比较丰富。农田、菜地里被人们开垦种植较长时间的土壤也是熟土，又称园土。园土可以直接用来种菜，无需改良。因此我们在找土的时候，尽量选择熟土。那么熟土从何而来呢？

从亲戚朋友的菜地或菜园取土。如果有亲戚朋友在近郊有成片的菜地，那真是太好了，打个招呼从那里挖土是最直接省事的。记得要选择菜地比较荒芜的时候去，比如冬季和早春，以免对土地上正在生长的蔬菜造成伤害。

从野外、树林、池塘、养殖场取土。野外的土壤是取之不尽用之不竭的，但一般纯野外的土壤肥力并不是很强，尤其是没有树木只有杂草的山坡。树林就不一样了，茂密的树林下，由于常年堆积着落叶，这些落叶腐烂后化作黑色的腐叶土，这种土具有丰富的腐殖质，有利保肥及排水，土质疏松偏酸性，挖一些回家就可以使用了。此外，池塘尤其是鱼塘底部灰黑色的土壤，含有鱼类的粪便而具有相当的肥力，排水性能好，呈中性或微碱性。这种塘泥也可以适当挖取一些，晒干后备用，用时将泥块打碎即可。厩肥土一般来源于养殖场或农场附近，是猪、牛、禽类粪便混入土壤中经过堆积发酵腐熟而成，含有丰富养分及腐殖质，这种土壤非常适合种菜。

不论上哪儿挖哪种土，我们都要遵循以下几个原则：

原则一：不要挖常年大量施用农药、化肥、激素的大田里的熟土，那里的土壤已经被污染，贫瘠板结，有害物质也会残留在土壤里。

原则二：不要挖化工厂、发电厂、垃圾焚烧站、被污染的河流附近的土壤，这种土有被污染的可能。

原则三：不要到陡峭的山坡和人迹罕至的深山中挖土，以免遇到危险。

☐☐3 土壤的配制

各种土壤挖回来以后，要根据一定比例配制成最适合种菜的培养土。一般来说培养土由 50% 园土、35% 腐叶土和 15% 厩肥土组成，如果觉得黏性较重，可以撒入少量草木灰或黄沙，能起到疏松土壤和排水透气的作用。草木灰就是落叶、稻草等燃烧后形成的灰黑色物质，黄沙则可以从江边、河边获得。

配制好土壤成分后，需要将它们摊开暴晒 2~3 天，以杀死其中的病菌、虫卵。然后倒入菜池中或装入容器中，土壤的准备工作就正式完成。

四、有机肥料——给你的菜菜加个餐吧

□□1 有机肥料有哪些

我们说的肥料，可以分为有机和无机两大类。有机肥料是由天然物质经微生物分解或发酵而形成的一类肥料，俗称农家肥。无机肥料就是通常所说的化肥。化肥是用化学和（或）物理方法人工制成的含有一种或几种农作物生长需要的营养元素的肥料，一般呈颗粒状或晶体状。既然想要种出无化肥的天然蔬菜，那么就要使用有机肥料。

大自然本身为我们提供了丰富的有机肥料，足以提供蔬菜所需要的一切元素。常见的天然有机肥料有畜粪、禽粪、鱼内脏、骨渣、豆渣、落叶、干草、果壳、庄稼残梗、海藻以及各种天然矿石粉。

氮磷钾——蔬菜生长三剑客

蔬菜生长过程中，需要最多的就是氮、磷、钾三种元素，还有少量一些微量元素。这三种元素粗略来讲分别对应叶果根茎三部分。氮是植物生长的必需养分，充足的氮肥能够让蔬菜叶子茂盛、碧绿喜人。人粪尿和各种厩肥、堆肥、饼肥等都是以氮肥为主的肥料。磷能促进蔬菜生长，并在结果期促进果实生长发育。所以果实类的蔬菜一定要在开花结果期增施磷肥。鸟粪、禽粪、动物骨骼、鱼鳞、鱼刺、蛋壳等都富含磷肥。钾能促进新陈代谢，增强植物对各种不良状况的忍受能力，如干旱、低温、病虫危害、倒伏等。羊粪、草木灰、淘米水、剩茶叶水等都富含钾肥。

002 如何获得有机肥料

如果菜园附近有养殖场，从那儿获取一些厩肥或禽粪来做肥料，那是再好不过了。比如我长期就是从一位养鸽子的朋友那儿获得鸽子粪，用来埋入土壤中做肥料，蔬菜在这种土壤中种植，都长势旺盛，产量很高。

农艺市场上及互联网上有各种专用有机肥料出售，包括饼肥、鸡粪、蚯蚓粪、骨粉等，这些肥料多经过干燥消毒处理，基本没有异味，非常适合家庭使用。

此外，我们生活中产生的许多厨余垃圾都是肥料，比如各种果壳、果皮、烂菜叶、鸡蛋壳、动物内脏、豆渣、茶叶渣、变质的牛奶、淘米水等，但这些厨余不能直接给植物施用，需要经过发酵，腐熟后才能使用。

003 自制三种有机肥料

我们可以在天台的肥料区自制有机肥，方法简单实用，还能减少生活垃圾，绿色又环保。可能有朋友就要问了，我直接把果皮或者动物内脏等倒在土里不就行了吗？为什么还要制作呢？这是因为上述的肥料虽然富含蔬菜所需的营养元素，但如果未经发酵即直接埋入土壤内，遇水分发酵产生高温和有害气体，会伤害蔬菜根系，加上微生物的分解活动，造成土壤缺氧，致使蔬菜死亡。同时未腐熟肥料在发酵时会产生臭味，招来蝇类产卵，蛆虫也会咬伤根系，为害蔬菜生长，臭味还会污染环境。所以我们必须把生活中常见的有机肥原料通过一定时间的沤制、发酵、腐熟后才可以使用。这里介绍三种简单易操作的肥料制作方法。

综合厨余肥——养分丰富，氮磷钾及各种微量元素都具备。具体做法是：将厨房内的废菜叶果皮、动物内脏等放入能够密封的玻璃瓶或塑料桶中，加入尿或淘米水、洗菜水，盖严，经发酵熟腐成黑色后即可使用。夏季温度高，15天左右即可腐熟，冬季温度低，可能需 2~3 个月。使用时取其上部清液加水稀释，用作追肥。然后再加入水和厨余继续发酵，过一段时间又可使用。

小贴士：制作厨余肥要注意的问题

①含有盐分的剩菜不要倒入厨余容器中，盐对蔬菜的生长不利。

②体积比较大的厨余，例如菜叶、瓜皮等，最好先切成小块再放入容器，这样会缩短沤制的时间。

③厨余也不要装得太满，一般装 2/3 就差不多了。因为在腐熟过程中会产生气体，装得太满易将容器胀破。

④沤制厨余的容器要放在阴凉处，切不可在太阳下暴晒，以免温度过高，气体膨胀。

骨粉——动物骨骼磨成的粉状肥料，是一种很好的迟效性磷肥，可掺入土壤中作基肥使用，也可撒于土壤表面作追肥使用。制作方法是：将吃剩的动物骨头放在清水中浸泡 1~2 天，并反复冲洗，洗去盐分，然后放入高压锅中蒸煮 20~30 分钟，晾干打碎，磨成细粉。也可以把洗净、晾干的骨头放在火炉上慢火烘烤，烘干后研成细粉。注意不能将骨头投入火中烧成灰，因为这样会使其肥效降低。

环保酵素——一种纯植物性的肥料，干净无异味，将环保酵素和清水按照 1：100 的比例混合均匀后浇菜可使蔬菜长势旺盛。具体做法是：将红糖、果皮、水按照 1：3：10 的比例放入密封的塑料容器中，然后盖上盖，但不要拧紧，以免发酵之后容器爆开，放上盖子是为了不让蝇虫在里面繁殖。将容器放在空气流通的阴凉处，避免阳光直照。切勿放置冰箱内，因为低温会降低酵素的活性。一般经过 3 个月发酵即可使用。发酵成功的环保酵素应该呈棕黄色，且有橘子般的气味。环保酵素不会过期，发酵期越久，效果越佳。

小贴士：人尿无臭处理的方法

人尿是以氮肥为主的肥料，腐熟后浇菜尤其是叶类蔬菜，效果非常显著。我们在尿液中加入一些橘子皮、橙子皮或苹果皮等一些带香味的厨余肥，这样腐熟后不但没有臭味，反而有股淡淡的水果香。

五、 自制生态药液——驱虫祛病小助手

□□1 小菜园常见病虫害

蔬菜常见的病害有白粉病、叶斑病、煤污病、腐烂病、黑褐病等。一旦叶面出现干枯、发黄、卷曲、白霜或腐烂等一些不正常的现象，就证明它们感染了病害。天台小菜园由于远离大田，而且通风状况良好，感染病害的概率不高，我们主要以预防为主：种植前将土壤深耕并暴晒消毒；严格执行间隔年限种植；选用健壮、抗病害的蔬菜品种；种植密度不要过大，及时剪除多余的老叶、黄叶；对于有染病迹象的植株，及时摘除并带出菜园。

蔬菜常见虫害有青虫、菜螟、地老虎、蜗牛、蚜虫等。天台上这些虫害的

数量一般不多，因此最好的方法是人工捕捉，用剪刀、镊子等工具捕杀，对于某些虫害，粘虫板也很适用。

002 自制生态药液

天台上的蔬菜如果感染了病虫害，也不要慌张。不要马上想用农药来杀虫，农药在天台小菜园是绝对禁止的。所以，我们可以用一些常见的食物性原料来起到杀菌的作用。

表 7　生态药液制作方法

名　称	制作方法	使用方法	可防治的病害
米醋液	用 150~200 倍的清水稀释，即制即用	每隔 7 天左右喷 1 次，连喷 3~4 次	米醋中含有丰富的有机酸，对病菌有较好的抑制作用，可防治白粉病、黑斑病、霜霉病等
大葱液	大葱 50 克捣成泥状，加水 50 克，浸泡 12 小时	用滤液喷施，1 天多次，连喷 3~4 天	治疗白粉病
生姜液	生姜捣成泥状，加水 20 倍浸泡 12 小时	用滤液喷洒，每周 1 次	可防治叶斑病、煤污病、腐烂病、黑褐病等

同样，对于虫害，我们也可以自制一些环保的驱虫剂来达到杀虫驱虫的效果。

表 8　环保驱虫剂制作方法

名　称	制作方法	使用方法	可防治的虫害
黄瓜液	将新鲜黄瓜蔓茎叶 1 千克，加少许水捣烂，滤去残渣	用汁液加 3 倍水喷洒	防治菜青虫和菜螟，防治效果达 95% 以上
大蒜液	将 500 克大蒜头捣烂成泥状，加 10 千克水搅拌	取其滤液喷雾	防治蚜虫、红蜘蛛、介壳虫等效果很好。把大蒜捣碎插于盆土中，还可杀死蚂蚁和线虫
辣椒液	取新鲜红辣椒捣烂，加水煮 1 小时	取其滤液喷洒	可防治菜青虫、蚜虫、红蜘蛛、菜螟等害虫

六、各种园艺工具——让你事半功倍的好物品

001 必备种植工具

俗话说，磨刀不误砍柴工，有一批用起来得心应手的工具，也能让你干起活来事半功倍哦！

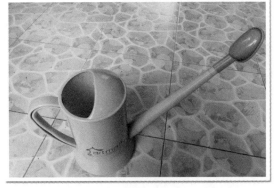

首先当然是耕种工具，锄头最好准备大小各一把，大锄头用来翻耕整地，干起来又快又省力；小锄头用来干一些比较细致的活，比如定植、培土、锄草等。使用小锄头的时候，还可以搬个小板凳，干一会儿，休息片刻。耙子一把，用来将土壤耙平，没有的时候，也可以用锄头代替。铁锹一把，用来铲土。铲子一把，少量铲土使用。浇水的桶和长柄水瓢各一个，用来浇水和施肥，用喷水壶代替也可以。

002 备选劳保用品

帆布手套一副，可以在干粗活的时候保护双手。球鞋一双，让你站着不累，围裙一副和套袖一双，可以保护衣服不被泥土或肥料弄脏。遮阳帽一顶则是保护皮肤不被太阳晒伤。

PART 4

天台菜园种植指南

种菜很难吗？不会。但前提是，你要掌握一定的方法和技巧，并且遵循大自然的规律来种植就好。你也会从中发现许多从未体验过的乐趣。从现在开始，我们一起来体验天台的种植乐趣吧！

一、 播种——一粒种子的奇遇

□□1　播种的学问

播种就是整个种植活动的开幕式。你是不是怀揣着买来的种子跃跃欲试？是不是恨不得把所有种子一股脑都撒下去才痛快？先别急，播种这事虽小，学问可不少呢。

看季节播种。春秋两季是最佳的播种时期。春天适合播种瓜果类蔬菜和少量耐热的叶类菜，秋天适合播种大部分叶类菜和根类菜，还有耐寒的豆类。最合适的时间为 2~4 月和 8~10 月，早春播种日均气温稳定在 15℃ 以上为好，初秋则可以从立秋开始就分批播种。温暖的南方或者有保温加温设施，冬季也是可以播种的，只是发芽和生长速度慢一些。春季播种瓜果类蔬菜，一般需先在小容器里进行育苗，这样便于保温和管理，等苗大一些，气温也稳步升高了，再把苗移到菜池或大的种植箱中。秋季播种，则多半直接撒在土地里。

看天气播种。播种要看一下天气预报，播种时选择温和无风的天气并尽量保证播种后没有较大的气温变化或极端天气，以保证顺利出苗。如天气预报显示未来一周将会有一场倒春寒或大暴雨，那么不妨等待极端天气过去后再进行播种。

看品种播种。大部分叶类菜种子直接埋进土里或者撒在土里就可以发芽了，茄果类和瓜果类蔬菜发芽比较慢，需浸泡种子并将湿润的种子放在温暖的地方促使其发芽。而生菜、香菜、菠菜等喜冷凉的蔬菜，在早秋气温还比较高时播种，则需要浸泡种子并将湿润的种子放在冰箱里"冷藏"几天才能萌发。如果在气候冷凉的条件下，也可以直接播种。

小贴士：轻松搞定催芽

播种前进行浸泡并放在一定温度条件下促使种子发芽的过程，我们称为

"浸种催芽"，简称"催芽"。简单来说，就是为种子提供最佳的环境，让它们尽快地萌发。

催芽的过程很简单，准备一个容器，放入种子，倒入 30℃ 以下的清水并轻轻搅动；当所有种子都吸透了水分沉在容器底部时，将水倒掉（不同的种子充分吸水的时间长短不一，一般为 4~8 小时）；将种子包在湿润但不滴水的布或纸里，放在温暖或者凉爽的地方；注意每天查看喷水，保持湿润但不要让种子积水；3~10 天后，当大部分种子已经露白或发芽时，再进行播种。

注意：露出的白芽不要超过 0.5 厘米，太长的芽播种时容易受伤折断。温暖的地方最好是恒温的，并且不要超过 40℃，凉爽的地方则主要是指冰箱的冷藏室。

002 三种播种方法，哪种适合你的菜

播种的方法有三种，分别是撒播、条播和点播。听起来是不是觉得有点复杂，其实一解释你就明白了。撒播就是像洒水似的，将种子均匀地撒在土面上；条播就是在土面上划一条浅浅的沟，把种子撒在沟里；点播则是在土里挖出一个个小坑，将种子埋在坑里。它们具体的区别和用法，看看下面这个表格，你就明白啦！

表9 播种方式一览表

播种方式	撒播	条播	点播
适合蔬菜	大多数叶菜品种尤其是小白菜、油麦菜、塌菜、生菜、苋菜等密集种植的速成菜	为了确保出苗率和加强水肥管理，香菜、空心菜、茼蒿、芹菜、大蒜、小葱、韭菜多用条播	茄果类、瓜类、豆类、花生、胡萝卜、白萝卜等蔬菜，一般用点播

（续）

播种方式	撒　播	条　播	点　播
播种要点	为了播种均匀，可以将种子与3倍的细沙混合均匀再撒	用棍子在土面上划出浅浅的播种沟，深约1厘米，然后将种子均匀地撒在浅沟里，一般3~4厘米距离撒2~5粒种子比较好	在土里挖出浅浅的播种坑，在每个坑里撒上1~3粒（已经催芽的则每坑放1粒）种子，注意要让种子互相隔开一点
是否覆土	一般不需要覆土或只覆一层薄土，然后把土压实	撒上薄土覆盖种子，然后将土压实，覆土的厚度为0.5厘米左右	将播种坑的土耙平
注意事项	出苗后要及时移苗和间苗	出苗后要及时间苗和补苗，长出真叶后可以在空隙处施薄肥	出苗后要及时间苗和补苗
浇水	播种前浇足底水或播种后浇透水均可		
种子的摆放	通过催芽已经长出白芽的种子，一般很难弄清先长出来的白芽是根还是茎，因此最好是横放在土里，蔬菜生长时会进行自我调整		

二、间苗——去弱留强的自然法则

001 为何需要间苗

　　等待着等待着，播种的蔬菜都陆续探出了小脑袋，接着，伸展着身子，一天一个样了，很快，你就会发现它们的房子就快被挤爆啦。这时候，你就要着手进行间苗，即拔掉一些过密的、瘦弱的、不健康的幼苗，为其他幼苗留下足够的阳光、水分、肥料和生长空间。这是一项非常有必要的工作，因为我们确定播种数量的时候，就考虑到了一个去弱留强，自然淘汰的比例。只有这样，才能够让最健壮的、最健康的幼苗长大，从而获得丰收。

间苗一般不是一次性完成，而是根据播种方式的不同，有所区别：撒播的蔬菜一般根据需要间苗2~4次，条播的蔬菜1~2次，采取点播的蔬菜间苗1次。

002 间苗和采收相结合

一般间下来的弱苗没什么用处，如果苗比较大，数量比较多的话，可以洗净作蔬菜食用。间苗还有另一种方式，就是将间苗和采收相结合，将拔下来的苗作为蔬菜收获，这种方式又叫做间拔采收。

如果说间苗的原则是去弱留强，那么间拔采收的原则就是去大留小，将生长比较快的、大而壮的苗拔掉食用，让小苗继续生长。间拔采收一般在苗长得比较大，接近收获期的时候使用，这样可以尽早地获得第一批成果。

三、 补苗、移苗和定植——给蔬菜们搬家

播种以后，只有一部分蔬菜会一直在原来播种的土地上长成、收获，其他的蔬菜，会通过 3 次搬家，最终找到最适合它们的地方。

001 补苗和移苗

播种后如果有的地方种子没有发芽，可以再次补种一些，这叫做补苗。撒播的种子如果播种时撒得不够均匀，发芽后很容易出现一块密一块稀的现象，这时候可以用筷子头挑起一些过密的小苗，然后在过稀的地方挖些小坑，将挑

天台上的有机菜园

起的小苗放进去，并把周围的土稍稍压结实一点，这个过程叫移苗。条播的也可以这样处理。

点播的种子也有可能因为虫蛀、鸟啄等外界因素而导致某个穴一棵苗都没出，这时候也需要从其他穴里挖一棵补种。总之，要让整块土地里的蔬菜密度和长势尽量保持平均。

002 移栽和定植

那些播种在育苗容器中的蔬菜，待长到一定大小，就要让它们搬到大小合适的地方，这个就叫做移栽。

大部分蔬菜只需要移栽一次，即从育苗的地方移栽到能够满足开花结果需要的大型容器或大田中，并且以后再也不会给它们换地方了，那么这种移栽也叫定植。有些蔬菜需要移栽两次，第一次是将幼苗从共用的育苗碗或育苗箱里移栽到单独的育苗钵或育苗杯里，等待气候稳定，幼苗也长得足够大时再进行定植。

菜苗移栽（定植）方法是：洒点水，把育苗碗里的土润湿；用筷子或螺丝刀把菜苗根部周围的土壤松动一下，然后一手捏住菜苗的茎，另一手用小铲子将幼苗连根铲起；在土壤里挖好坑，坑的大小具体根据幼苗根系的发达情况来定，要保证所留空间能让其根系自然伸展开；将菜苗放进土坑中央，一手将菜苗轻轻提起，不要让根挤作一团，而要自然地伸展开，另一只手加土至盖住菜苗的根上2厘米左右，将土压实并浇透水。

小贴士：定植时要预估蔬菜的成株的大小，按照一定间隔挖土坑，后面在讲述各个品种的具体种植方法时，也会讲到定植的间距。如果说某种蔬菜的定植行株距是15/10厘米，那就是每隔15厘米种一行，一行的每一棵蔬菜的距离是10厘米。

如果是定植到容器中，要放到荫蔽处缓苗3~5天。若是定植在不能搬动的地方，则必须注意天气预报，选择连续几天阴雨天气之前定植。若定植后碰上连续晴天，则要进行适当遮阴，并保证每天浇水。刚定植的幼苗多半会有蔫头耷脑的，过几天就能恢复生机，此时说明定植成功，就可以让它们晒太阳和进行追肥了。也有少数情况定植后菜苗没有成活，此时需要再定植一次。

四、水分——喝饱的蔬菜更水灵

001 浇水这件小事

浇水是在蔬菜的整个生长过程中，次数最多的一类活动。少则三五天浇一次，多则一天 1~2 次。水分充足的蔬菜，不但水灵灵绿油油，而且不论从营养还是口感来说都非常好，而缺水的蔬菜则纤维很多，老硬难吃，而且很容易就老化枯萎。所以浇水这件事虽小，但却非常重要。我们在日常管理天台小菜园的过程中，千万不要忽视浇水，尤其不能"三天打鱼，两天晒网"，而要把它当成一个有计划的、系统性的活动。

002 浇水的原则和技巧

浇水的总体原则是——间干间湿，即土壤较干时才浇水，浇一次水就浇透，而不是只浇表层土壤。等下次土变干时，再浇水。

如何判断土壤较干呢，可由土壤表层的颜色变淡、触摸起来干燥作为浇水的参考依据。而浇透是指水分至少要渗透到土层下 15~20 厘米，盆栽蔬菜则要浇到盆土底部湿透，直到有水从盆底孔滴出。浇水时尽量慢慢浇，这样方便观察是否浇够了，如果一次性灌入大量的水，那么多余的水分会从排水孔漏出来，不仅浪费水、弄脏地面，还会带走土壤中的部分营养成分。

浇水的技巧，则可以从以下几个方面来说：

根据季节浇水：夏季早晚浇、冬季午前浇。夏季光照强、温度高，植物生长旺盛，需水量大。夏季浇水要避免在高温的正午，可以在清晨或黄昏大量浇淋，帮助植物散热。至于冬季，气温低，不必浇水太多，而且最好在早上出太阳气温回升时浇水，避免太早或太晚浇水而造成冻伤。

根据天气浇水：通风良好及阳光充分时，蔬菜的水分蒸发快，因此需水量更大一些。所以干燥风大的天气，要适当增加浇水的频率，而多云、阴天时，则可以减少浇水的频率。

根据生长时期浇水：苗期少、生长期多、后期少。在不同生长时期，蔬菜对于水分的要求也不同.播种后到发芽之前，要保持土壤湿润，但又不能积水。发芽后，蔬菜的浇水规律是苗期少浇、快速成长期多浇、生长后期再少浇。苗期如果浇水过多，枝叶会发生"徒长"现象，尤其是瓜类和茄果类蔬菜，枝叶徒长会延迟开花。快速生长期对水分需求量大，要适当多浇一些水。临近收获的生长后期，为了让蔬菜滋味更纯正，也为了让收获的果实水分含量少，更容易保存，要适当减少浇水。

五、 施肥——营养均衡最重要

□□1 施肥的方法

施肥的方法有两种，分别是施基肥和追肥。基肥一般都是以氮肥为主的固体或半固体肥料，主要是人粪尿和各种厩肥、堆肥、饼肥。种植土壤中混入一定量的基肥，能够提高土壤的肥力，让蔬菜长得又高又壮。除了基肥，在蔬菜的整个生长过程中，往往还需要再进行两三次追肥。追肥就用自己做的厨余肥、草木灰、骨粉、人尿液等。一般是用水将肥料稀释成液态肥，然后浇在蔬菜根部。

　　对于比较吃肥的蔬菜，诸如茄子、丝瓜、南瓜等蔬菜，一定要施足基肥。而对于一些茎叶类菜来说，对基肥要求不太高，土壤太过肥沃，还容易将幼苗的根烧死，所以多以追肥为主，尤其是以人尿液为主的氮肥，施后见效很快。

002 施肥的注意事项

　　育苗土壤一般不施基肥。直接播种蔬菜（不移栽）的土壤，是在底部铺一层基肥，让幼苗长大，根系伸展后从底部吸取养分。追肥时，注意肥料不要浇到茎叶。如果肥料浓度比较高，浇完肥后，一定要用清水再洒一遍稀释和清洁，不然容易造成烧伤。

003 不同蔬菜，施肥的
重点也不同

　　充足氮肥能够使叶类蔬菜长势快，枝叶茂盛，叶片厚绿肥嫩。根类蔬菜，如萝卜、胡萝卜、土豆、根用甘薯在苗期，不能施太多的氮肥，不然会使枝叶徒长，根却不长大。待枝叶长成后可以追施钾肥和磷肥，让根茎营养更丰富，更香甜。

茄果、瓜类施足基肥后，开花之前不宜再施氮肥，过多氮肥会使枝叶生长过旺，花期推迟，甚至不能开花结果。开花前后，应该施一些磷肥，可以促进开花结果。果实成形后可以追施磷肥和钾肥，以促进果实成熟，提高果实的含糖量和含油量，使其更加鲜嫩甜美。

豆类蔬菜，因其自身具备根瘤菌的特性，能够从空气中吸取一部分氮，如果基肥足够，追施氮肥的最佳时期在开花结荚阶段，开花前后，追施少量磷肥和钾肥。

004 根据蔬菜表现追肥

如果蔬菜表现为生长缓慢，植株矮小，叶片薄而小，叶色缺绿发黄，则表示缺氮，需要加施氮肥；如果蔬菜植株矮小，叶片小，呈暗绿色，整株呈小老苗状，下部叶片呈紫色或红褐色，出叶速度慢，根系不发达，侧根很少，生长不良，根菜类根不膨大，果荚菜类延迟成熟，则表示缺磷，需要加施磷肥；如果蔬菜老叶尖端和叶缘变黄或变成褐色，沿叶脉出现坏死斑点，生长缓慢，新叶片瘦小，叶片皱缩向上卷，茎秆脆弱，常出现倒伏，容易遭受病虫害，则表示缺钾严重，需要及时补钾。

六、搭架和搭棚——蔬菜坚强的"后盾"

001 支柱、人字架、棚架

蔬菜长到一定高度，需要依靠一定的外界支撑，才能顺利生长。支柱是用一根直立的棍子和蔬菜绑在一起，让蔬菜依靠其支撑而不至于倒伏，一般多用于茄果类蔬菜，一些需要留种的叶类菜，由于植株很高大，也可以立支柱。

人字架是用 3~4 根 2 米以上的竹竿，按照一定距离插入土中，在上部交叉捆绑并扎紧，形成一个人字形，多用于爬藤的豆类蔬菜如豇豆、四季豆和小型的瓜类如黄瓜等。

棚架则是用 3~4 根粗壮结实的棍子立于地面作为支柱，然后在支柱顶端两

两用棍子绑起来，搭起一个棚子的框架，然后在顶上再放几根横梁或者交叉固定成网格状。棚架多是为了一些大型的瓜果类，尤其是匍匐生长会占很大面积的南瓜、冬瓜等搭建。

002 搭架和搭棚的注意事项

搭架和搭棚对于技术的要求不是很高，但要把棚架搭得结实漂亮，还是有点小讲究的。

支柱和人字架用细竹竿就可以，棚架的支柱一定要用粗壮的木棍，这样才能承受住整个棚子的重量。不论是哪种支撑，都要尽量往土里插入得深一些，这样才牢固。有些天台小菜园风比较大，为了保证棚架的结实，可以采用钢管来搭棚架，并且在支柱底部用水泥固定。这种钢管棚架一般建在过道上方或两块菜池之间，也可以建成拱门形，蔬菜长大后在棚架上开花结果，既是小菜园一道靓丽的风景，还能为棚下的人挡风遮阴。

不论哪种支架，搭好以后，都可以用软布条先在支柱上紧紧缠绕两圈，再绑在蔬菜的主茎上，可以防止打滑，注意不要绑得太紧。爬藤类的蔬菜，可以将藤蔓往支架上引导，并绕上两圈，蔬菜自然而然就会往上攀爬生长了。

七、中耕、培土、除草——一把锄头都能解决

001 小小锄头用处大

在各类种植工具中，锄头可是当仁不让稳坐第一把交椅的。这不，中耕、培土和除草，样样都离不开它。

中耕是指在蔬菜的生长期进行的表土的耕作，有疏松表土、增加土壤通气性、提高地温、促进蔬菜根系伸展、调节土壤水分状况的作用。生长期短的蔬菜一般只需中耕1次，生长期较长的一般中耕2~4次。中耕深度应掌握浅－深－浅的原则，即作物苗期宜浅，以免伤根；生育中期应加深，以促进根系发育；生育后期宜浅，以破除土壤板结为主。

结合中耕向蔬菜的根部四周堆一些土壤，叫做培土。多用于根茎类蔬菜和玉米之类的高秆谷类作物。培土可以增厚土层，提高地温、覆盖肥料，有促进作物地下部分发达和防止倒伏的作用。

除草则是通过锄或拔的方式，去除蔬菜间隙中的杂草。

002 合理安排省力气

中耕、培土、除草，虽然是三项活动，但是其实它们可以结合在一起来进行，这样不仅省时而且省力。

中耕尽量安排在浇完水或追完肥以后，这时的土壤比较松软，耕作起来也较容易。把表土锄得疏松一些后，就可以拢起一些土堆在根茎类蔬菜的根部，

培土的工作就完成了。在中耕的过程中，杂草也被锄起，这时候需要人工把杂草拣起，带出小菜园。或者在培土的时候，把这些杂草埋在土里。还可以把杂草摊开晒干，烧成草木灰作肥料。

八、摘心、抹芽、疏果疏叶——取舍难题

□□1 摘心用来控制株高

蔬菜在生长过程中，如果我们不加以管理，它的主枝就会一直长一直长，长得老高老长，不方便管理不说，主枝上结的果实也很有限。这时候，就需要我们通过摘心来告诉它：不要再往上长啦！

摘心又叫打顶、掐头，就是用手将最中央的主枝顶端给掐掉，以此来控制高度，让蔬菜粗壮，并促进侧面枝条的发育，从而提高产量。一些瓜类蔬菜，如黄瓜、甜瓜、西瓜、苦瓜、南瓜、冬瓜、丝瓜等，在蔓长 1.5~2 米时，就要采取摘心措施，摘心的同时，还可以摘去中上部的分枝，使养分集中输送到幼瓜中去，促进提早成熟。结瓜后，第一瓜以下的侧蔓要尽早除去，促进主蔓生长。上面的侧枝见瓜后，在瓜上留两片叶子再次摘心。

有一些瓜类蔬菜的摘心时间必须提前，比如瓠子和葫芦在长到七八片叶时就要摘心，摘心后长出的子蔓很快就会结瓜。四季豆、豇豆、扁豆、刀豆等豆类蔬菜最高长到 2 米时也要摘心，摘心后有利于果实成熟，而且还能促进多结豆。

番茄幼苗长到 4~5 片叶时摘心 1 次，分支后保留 2~3 根强壮的主枝，主枝 60 厘米的时候也要摘心。茄子和辣椒在 30~40 厘米时对主枝摘心，如果是盆栽，则需要在苗高 8~10 厘米时摘心。

002 抹芽去掉多余分支

与摘心同时进行的，还有抹芽，芽就是指除了主枝和分支外多余的嫩芽。虽然看起来柔嫩可爱，但它们却是果实营养供应的大敌，必须要不留情面地抹掉。为什么叫抹呢，因为这个动作是用手进行的，并且动作要轻柔，不要伤害到枝干。

茄果类蔬菜的芽一般长在分支的腋部，而爬藤类蔬菜除了抹掉赘芽，还要抹掉多余的卷须。

003 疏叶疏果保证营养供应

瓜类和茄果类蔬菜都要及时摘去下部的老叶和黄叶，因为它们不但会争夺营养和水分，还不利于通风透光，及时摘除，可以保证营养和水分供应到最需要的地方，这个过程称为疏叶。

如果说疏叶还可以大刀阔斧地进行，那给茄果类蔬菜疏果，则让人有些下不了手。尤其是当满满当当的小果实挂满枝头，哪个看起来都爱不释手，这时该如何取舍呢？我们需要通过仔细观察，找出发育不良、变形、弱小的果实摘除掉。没有舍哪有得？只有优中选优，留下最健康最完美的果实，才能获得丰厚的收获，并保留品种的优质特性。这是大自然的法则，也是小菜园的法则。

九、人工授粉——给蔬菜当"红娘"

□□1 何为雌雄同花、雌雄异花

自然界大部分植物的授粉都是通过蜜蜂、蝴蝶等虫媒，或者通过风媒进行。天台菜园由于地势高，飞行昆虫相较少，容易造成授粉不良或不成功，从而使坐果率下降或果实生长发育不良形成畸形果，所以进行人工授粉很有必要。

我们将需要授粉的果实类蔬菜分为两类，第一类是雌雄同花类，如茄果类蔬菜的番茄、辣椒、茄子等，这类蔬菜的花是两性花，一朵花上既有雌蕊又有雄蕊，属自花授粉植物。

第二类是瓜类，如丝瓜、南瓜、冬瓜、葫芦、西瓜、瓠子、西葫芦、苦瓜、黄瓜等都是单性花，即在同一植株上分别长着雄花和雌花。这类花又称虫媒花，雄花里的花粉必须通过昆虫的媒介作用，才能到达雌花的柱头上，使雌花受精结瓜。如虫媒不足，就需要人工帮助它们授粉，使其顺利结果。

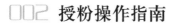

002 授粉操作指南

雌雄同花的蔬菜授粉相对简单，主要采用人工振荡授粉法，在蔬菜开花盛期，通过振动或摇动花序促使花粉从花粉囊里散出，并落到柱头上，从而达到人工辅助授粉的目的。当花序发育不良、花粉粒发育很少时，则需要用辅助工具帮助授粉，方法是用棉花棒或细毛笔，在花蕊里轻蘸几次，让花粉落到柱头上。

雌雄异花的蔬菜，授粉前首先需要正确辨认雌花和雄花，雌花花蒂下面膨胀出来，有一个小瓜，雄花花蒂下面则没有小瓜。授粉应于上午进行，尤以晴天的早晨为佳。选择初开的雄花和雌花，才比较容易成功。授粉时先将雄花摘下，除去花瓣，再将雄花的花药在雌花的柱头上轻轻涂抹，使花粉粘在柱头上。为了增加成功的机会，可以用几朵雄花为一朵雌花授粉。授粉几天后雌花谢落，如果花蒂的小瓜开始膨胀，则说明授粉成功。无论是哪种授粉方法，都要求轻柔操作，以防花蕊受伤。

小贴士：借花授粉

对于雌雄异花的蔬菜来说，有时候最大的问题并不是缺乏授粉媒介，而是雄花的缺乏。比如一棵南瓜藤上开满了雌花，但是雄花却一朵没长或者迟迟不开，眼看着雌花就快要谢了，如果再不授粉，就白白浪费掉了，这可真是急煞人也。这时候，就要采取一个救急的方法——从别处借几朵雄花来授粉。

授粉的雄花，不一定是本株上的，其他植株上的也可以。但最好选择同品种的花，否则不同品种的花授粉后，会杂交得面目全非，最后结出的瓜会成为"四不像"。

十、采摘——丰收时刻最动人

当当当！见证一季的辛勤劳作成果的时候到了，蔬菜的收获，真是既甜蜜又动人，令人回味无穷。但是，你真的会采摘吗？哪些小诀窍是需要注意的呢？

⬜⬜1 不同蔬菜的采摘时刻

蔬菜的采摘，有一个适时的问题。每种蔬菜，都有自身最适宜收获的时期，此时蔬菜的产量最高，口感最鲜嫩，营养价值也最高。

表 10 蔬菜适收期建议表

蔬菜品种 / 名称	适收期
菠菜、生菜、苋菜之类的速生菜	趁嫩采收。长到中等大小时采收最好，不要等到完全长大，否则就太老了
红菜薹、白菜薹、芥蓝、菜心之类的茎类菜	在花没有盛开时及时采摘，才会又嫩又鲜
包菜、大白菜	菜心变得结实，但还没有裂开之前采收
黄瓜、葫芦、丝瓜之类的夏瓜	趁嫩的时候采收，用指甲掐一下，就可以知道是否还嫩
南瓜、冬瓜	等瓜皮坚硬，指甲不易掐破时再采收，连着 3~4 厘米长的瓜藤割下，以便于储藏
番茄	整个果实均匀变红后，赶在果实变软之前采收
辣椒	青椒要变得硬挺，但还没有完全长大时采收。红辣椒要等果实完全变红之后采收
茄子	当皮上出现一层紫色光泽时就可采收。等表皮暗淡时，茄子已经太老了
以食用豆荚为主的豆类	在豆荚已经完全长大，但里面的豆子还嫩小的时候采收
以食用豆粒为主的豆类	要等到豆荚鼓起，但颜色还没变深时采收
胡萝卜、白萝卜、甘薯、凉薯、芋头之类的根菜	在根完全长大之前采收，这时正值它们又嫩又脆的时候，无论生吃还是熟食都十分可口
土豆	开花后就可以陆续采挖。剩下的土豆会一直长大，直到藤枯死为止。幼嫩的土豆皮薄，易剥落，但不宜储藏。藤枯死后采收的土豆才能长期储藏

此外，傍晚时分摘的菜营养价值要比早晨摘的高，但含水量高的蔬菜，早晨采摘的最鲜嫩。另外，晴天采的菜比阴雨天采的好。

不过在距离厨房只有几十米之遥的天台菜园，还是随用随采最为新鲜，从采摘到端上餐桌不过半个小时，这时候，你会深切地体会到蔬菜的纯粹之美，鲜嫩之妙。

002 不同蔬菜的采摘方法

蔬菜的采摘方法根据品种也有所不同，如果是速生的叶类菜，可以一次性连根拔起，空出来的土地可以马上种植其他蔬菜。此外，生菜、油麦菜还可以掰取外部的叶片，茼蒿可以掐取头部的嫩尖，侧枝萌发后，再收获嫩尖。

茄果类可以用剪刀连果蒂一起剪下，这样果实保存的时间长。爬藤豆类采摘的时候一定要轻柔，从蒂部摘下或剪下，不要从豆子的下部生拉硬拽，因为它们的藤蔓很细，用力拉扯很容易受伤。瓜类尽量带较长的果蒂一起剪下。

收获的剪刀一定要用锋利、干净无铁锈的剪刀。

菜园心语：天气是个捉摸不透的坏家伙

当你做好一切准备，开始种菜的时候，你会发现有一个潜藏的"敌人"，总是在不经意间跳出来捣乱，没错，就是天气这个脾气古怪，令人捉摸不透的家伙。温度从来不按照正常速度升降，今天高10℃，明天低5℃；不是干燥得冒火，就是潮湿得长苔藓；今天艳阳高照，明天就狂风暴雨。

早春二月拿出去年秋季新收获的种子，想晾晒一下并开始播种，却发现老天一直下雨。晴朗后，气温飙升，让你误以为春天已经到了，忙不迭把种子都播种下去，惊喜呵护下，种子好不容易发芽，一场倒春寒就能够让一切回到原点。望着被冻死的小菜苗，欲哭无泪。接着，又开始新一轮的与降温、冻雨、狂风等恶劣天气状况的斗争。

夏季也是个不让人省心的季节。连续十几天滴雨未下，为了保证蔬菜的水分供应，每天早晚都要花上一小时给他们浇水。尤其是黄瓜、番茄等果实类蔬菜，已经到了结果的关键时刻，你怎么舍得看着它们蔫头耷脑、无精打采？干旱之后，迎来了雨季，雷声轰隆隆，大雨哗啦啦，小雨淅沥沥下个没完，倒是不用辛苦地浇水了，可是雨下得多了，蔬菜长期泡在水中容易烂根，而且那些需要太阳照射的果实，迟迟成熟不了，甚至还在大雨下掉了一些，看着真心疼！

好不容易到了秋天，你想等天气凉爽后进行秋播，可炙热的秋老虎让你打消了这个念头。你从来没有如此盼望气温的下降，再适时来点秋雨就更好了。到了深秋，霜冻也左右着你神经，你希望它能来得再晚几天，这样土地里的红薯、芋头就能够多生长一段时间。

冬季相对而言要容易对付一些，因为这时候土地只留下少数几样耐寒的，如红菜薹、豌豆苗、蚕豆苗等蔬菜了。只要没有碰到极端的严寒天气，这些蔬菜们都能安然度过。你悬了一年的心，也终于可以稍稍放下了。

在即将到来的新一年里，你默默向上天祈祷：亲爱的老天，您能不能换一种方式下雨？比如每天午夜下点柔和而温暖的小雨，这样水分才能被蔬菜充分吸收。阳光最好能全天普照，但不要太过炽烈。最好还有充足的露水、和煦的风和成群的蜜蜂，每周要下一次不浓不淡的肥料雨，最好不定期还有些鸽子粪从天而降！

PART 5

天台菜园种植计划之茎叶类菜

一、不同的茎叶类菜，特点各不相同

茎叶类蔬菜是指以普通叶片或叶球、叶丛、花薹、花为食用部分的蔬菜。茎叶类蔬菜根据其特点和食用部分，可分为调味类、速生类、结球类、花类和薹类5大类。

表 11　茎叶类蔬菜特点及品种一览表

分　类	特　点	品　种
调味类	需求量很小，生长快速，一次种植，可多次收获	小葱、青蒜、韭菜、茴香
速生类	生长速度快，播种后1个月左右就可以收获，管理简单，充足肥水下生长旺盛，可分批播种，多次收获	生菜、油麦菜、小白菜、菠菜、茼蒿、香菜、芹菜、苋菜、空心菜、木耳菜等
结球类	生长期较长，种植难度稍高，一次性收获	大白菜、包菜、紫甘蓝、包心芥菜
花类		花菜、西兰花
薹类	生长期较长，可多次采摘	红菜薹、白菜薹、菜心、芥蓝

茎叶类菜是特别重要的一个蔬菜类别，它们往往含有大量的矿物质及维生素。在日常生活中，要多吃些茎叶类菜，才能保持营养的均衡。

二、调味类叶菜的种植方法

□□1 小葱

小葱又名香葱、四季葱，是日常厨房里的必备之物，不仅可作调味之品，而且能防治疫病，可谓佳蔬良药。常食小葱能够健脾开胃，增进食欲。脑力劳动者常食小葱还能起到提神醒脑的作用。

何时种植？ 家庭种植多采用分株法种植，四季皆可，春秋两季最佳，适宜生长温度是 12~25℃。

种在哪里？ 温暖、半阴、凉爽、通风、湿润的环境，要求疏松、肥沃、富含腐殖质的沙壤土或壤土中。

如何种植？ 购买或挖取一丛带根的小葱，用手将株丛掰开，一般 3~4 根分为一簇栽好，每簇间距为 5~7 厘米，土壤中可以埋入少量干鸡粪。栽后缓苗一周即可正常晒太阳浇水，每半个月追点液肥。

如何采收？ 1~2 个月后株丛较繁茂时，随用随收，采收最好用分兜法，也就是从一兜中挖出几根采收，如果像割韭菜一样，割后要及时施肥。

如何留种？ 小葱籽播种后生长缓慢，建议最好不用种子种植，一般不自留种子。

如何过冬？ 冬季气温在零下时要防冻保暖。冬季须少浇水不施肥。

002 青蒜

青蒜又叫蒜毫、蒜苗，是大蒜青绿色的幼苗，以其柔嫩的蒜叶和叶鞘供食用，具有蒜的香辣味道。含有丰富的维生素C以及蛋白质、胡萝卜素、硫胺素、核黄素等营养成分，具有祛寒、散肿痛、杀毒气、健脾胃等功能。

何时种植？ 春秋播种均可，只要避开炎热的夏季和非常寒冷的严冬，几乎一年四季可种。发芽及幼苗期最适温度为12~16℃。

种在哪里？ 较为冷凉，弱光的地方最好，对土壤种类要求不严，但以富含腐殖质的肥沃壤土最好。

如何种植？ 将买来的大蒜晒两天，扒皮掰瓣，选择洁白肥大，无病无伤的蒜瓣作为种蒜，不要剥掉蒜衣；将蒜头尖头朝上埋入土中，然后浇透水；发芽后，随水施1次薄肥，每2~3天浇1次水。

如何采收？ 播种约15天，长到15~20厘米高时，用剪刀在距离土面2厘米的地方将蒜苗剪下，2天后就会发出新芽，20天后又能收获了。收获一茬后，须追肥1~2次，最多可收获3次。

如何留种？ 蒜头容易获得，一般不自留种子。

003 韭菜

韭菜又称扁菜，素有"菜中之荤"的美称，不但热量较低，而且富含铁、钾和维生素A、β-胡萝卜素。经常食用韭菜，可增进食欲。常食韭菜有健胃、提神、补肾助阳的功效。初春时节的韭菜品质最佳，晚秋的次之，夏季的最差，且气味刺鼻。

何时种植？ 韭菜可以播种也可以用老根来栽种。播种以 3~4 月最佳，老根分株春秋都可以。耐寒性强，发芽适温 10~18℃，生长适温 12~24℃。

种在哪里？ 有中等强度光照的地方，对土壤要求不太严格，最适宜种植在富含有机质，土层深厚，保水保肥能力强的壤土里。

如何种植？ 将韭菜籽均匀地撒在土里，不要太密，播后撒 1 厘米细土均匀盖住种子并浇透水；保持土壤湿润，约 1 周发芽；长到 3~5 片叶子之后，每周需要追肥 1 次，尤以速效性氮肥最好。老根移栽的的方法与种植小葱相同，但是韭菜根在市场上不易买到，多半是网购或从当地农民手中获得。

如何采收？ 叶片长到 15 厘米高，植株比较繁茂即可采收。收获时用干净剪刀在距根部 2 厘米处剪下，每次收获后，待新叶长出 2~3 厘米再浇水施肥。韭菜可以收割多次，但以春天第一次收割的"头韭"品质最佳，营养最丰富。

如何留种？ 每年的 5~10 月是韭菜的花期，花后待种子外露，颜色变深即可收获。

004 茴香

茴香又名小茴香、怀香、席香、香丝菜，原产欧洲地中海沿岸，我国各地普遍栽培。新鲜的茴香茎叶具特殊香辛味，可作为蔬菜食用。种子是重要的香料。茴香含有蛋白质、脂肪、膳食纤维、矿物质、胡萝卜素以及挥发油，能温肾散寒、和胃理气，可帮助消化，促进新陈代谢。

何时种植？ 茴香性喜温暖，耐热、耐寒能力强，种子发芽的适宜温度为 20~25℃，生长适宜温度为 15~20℃，可耐 -4℃低温和 35℃高温。南方分春播

（3~5月）和秋播（8~9月），北方只能春播。在南方茴香可宿根越冬，成为多
年生植物，可分株繁殖。

种在哪里？ 喜阳光充足的环境，喜湿怕涝，在中等肥沃的沙壤土中生长
较好。

如何种植？ 播种将种子浸泡24小时，然后揉搓种子并淘洗数遍至水清为
止，将湿种子包在湿布里，放在16~23℃下催芽，80%种子露白即可播种；将
土里施足基肥，播前先浇底水，水渗下后均匀撒播，并覆0.5厘米薄土；播种
后要注意勤浇小水，保持畦面湿润，7天左右即可出苗；幼苗出土后，生长缓
慢，田间易滋生杂草，就注意及时除草，苗期不可过多浇水，可保持畦面间干
间湿；苗高5厘米时，可结合除草间苗，苗距5~6厘米；当植株高达10厘米以
上时，浇水宜勤，并结合浇水追肥1次。

如何采收？ 株高达25厘米左右时，即可收获。可多次收获，收割留茬，
待新芽长出后，进行追肥，浇水，还可以收割2次。夏季因天气炎热，采收的
产品质量较差。茴香也可以多年生栽培，冬季需要一定的保护措施，以利越冬。
9月中下旬开始可陆续收获茴香种子作调味料，以淡绿色为上等。

如何留种？ 留种茴香要晚收7~10天，等果实成熟时，割取全株，晒干后
打下果实，去净杂质。选择籽粒饱满的种子，充分风干后，保存在干燥的条件

下，以备来年种植。

三、速生茎叶类菜的种植方法

001 生菜

生菜是叶用莴苣的俗称，家庭种植，多是散生绿叶品种的生菜。生菜茎叶中含有莴苣素，故味微苦，具有镇痛催眠、降低胆固醇、辅助治疗神经衰弱等功效；其中的甘露醇等有效成分，有利尿和促进血液循环的作用。特别适宜胃病患者、维生素 C 缺乏者及肥胖者食用。

何时种植？ 2~4 月或 8~11 月，喜冷凉，忌高温，稍耐霜冻。发芽适温 15~20℃，生长适温 12~20℃。

种在哪里？ 中等光照到弱光的均可，对土壤要求不高，以保水力强、排水良好的沙壤土为佳，土壤中可多施有机肥。

如何种植？ 秋播时先将种子侵泡后放入冰箱冷藏室催芽 4~5 天，春播则不需要。撒播种子后覆盖 0.5 厘米厚的细土并浇透水。两周后间苗一次，有 5~6 片真叶时即可定植，定植行株距为 20/15 厘米。苗期对氮肥需求量大，可每隔 1~2 周随水追肥 1 次。

如何采收？ 苗期可以间拔采收；收获时可以整株拔起，也可以只掰掉外层的叶

子，留下菜心继续生长。春季种植的生菜易老易抽薹，最好一次性收获。

如何留种？ 生菜的花期长，种子成熟后遇风雨易飞散。因此当种子呈褐色或银灰色，上生白色伞状冠毛时要及时采收。

002 油麦菜

油麦菜，又名莜麦菜，有的地方叫苦菜、牛俐生菜，属菊科，是一种尖叶型的叶用莴苣，有"凤尾"之称。油麦菜的嫩叶嫩梢质地脆嫩，口感极为鲜嫩、清香，具有独特风味。油麦菜的吃法与生菜相同，可清炒或作汤，烹饪时间宜短。还可生食。油麦菜含有钙、铁、蛋白质、脂肪、维生素A、维生素 B_1、维生素 B_2 等营养成分，是生食蔬菜中的上品。

何时种植？ 3~5月或8~11月，喜冷凉气候，发芽适温在15℃左右，生长适温11~28℃。

种在哪里？ 土壤以沙壤土为佳。对水分要求较高，所以更适合种植在靠近水源的地方。

如何种植？ 将种子混合3倍细沙均匀地撒在育苗容器内，用手将土稍稍压结实，然后浇足水；保持土壤湿润，一般5~7天发芽，发芽前不要在太阳下暴晒；长出两片真叶时及时间苗，并施稀薄粪水，促进幼苗生长发育；待苗长至4~5片真叶时定植，定植行株距15/10厘米。

如何收获？ 间苗拔下来的油麦菜可以食用，油麦菜株高20~30厘米时，可以间拔采收；株高35厘米时，就要适时一次性采收了，若是错过了最佳收获期，油麦菜就会变得又老又硬。

如何留种？ 留种株让其自然抽薹、开花、结籽，当种子呈褐色或银灰色及时采收。

003 小白菜

　　小白菜又名不结球白菜、青菜、油菜。原产我国，栽培十分广泛。小白菜是蔬菜中含矿物质和维生素最丰富的菜。含钙量尤其高，是防治维生素 D 缺乏（佝偻病）的理想蔬菜。其中所含的维生素 B_1、维生素 B_6、泛酸等，具有缓解精神紧张的功能。常食小白菜有利于预防心血管疾病，降低癌症患病率，并有通肠利胃之功效。

　　何时种植？ 多为 8~11 月播种。喜冷凉，发芽适温 20~25℃，生长适温 18~20℃。

　　种在哪里？ 富含有机质、保水保肥力强的壤土及沙壤土中，相对湿度较大的地方尤佳。

　　如何种植？ 播种前可在土里混合点饼肥或菌渣肥；将小白菜种子混合细沙均匀撒在土里，用手将土稍加按压，然后浇足水，保持土壤湿润；1 周后，小白菜陆续发芽，可间苗 1 次，之后每 10 天追液肥 1 次；20 天后，小白菜长到 4~6 片真叶时定植，行株距为 20/10 厘米。

　　如何采收？ 每次间苗拔下的小白菜都可以食用。定植前可以陆续间拔采收，定植后在抽薹开花前一次性采收。小白菜经霜后味道会更甜美，这主要是因为低温促使它内部的淀粉转化为糖的缘故。小白菜不耐储存，因此随用随收最好。

　　如何留种？ 小白菜可以自己留种，但要注意避免与其他品种杂交。果荚发黄时采收。

004 菠菜

菠菜，又称波斯草，原产波斯，现在我国各地都有种植。菠菜的蛋白质含量丰富，仅次于猪肉。常食菠菜，能促使肌肉发达、人体健壮，还有增强抗病力、延缓衰老、祛斑美容的功效。烹饪菠菜前，用沸水焯一下，可除去草酸，避免人体钙质流失。菠菜的红色根营养丰富，最好连根一起食用。

何时种植？ 9~11 月和 2~4 月均可播种，菠菜耐寒不耐热，种子发芽的最低温度为 4℃，最适宜温度为 15~20℃。

种在哪里？ 光照充足、方便经常浇水的土壤中。

如何种植？ 若是秋季播种，需要用清水浸泡 12 小时后，放在冰箱中冷藏 24 小时，然后放在 20~25℃ 的条件下催芽，经 3~5 天露白后播种，若是春天播种则不用；均匀撒播菠菜种子，撒后盖上 1 厘米的土，并浇透水；根据天气情况每隔 1~2 天喷 1 次水，一般 2~5 天会出苗；长出两片真叶后，根据实际情况及时间苗；每 10 天左右随水追施 1 次有机肥，30 天后就可以分批收获。

如何采收？ 播种 30 天后就可以间拔采收，余下的菠菜可以长到 25 厘米高再一次性采收。播种后 2~3 个月就会抽薹开花结果，除了少量健壮的留种株外，其余的应在抽薹前全部收获完毕。

如何留种？ 菠菜雌雄异株，留种时要多留几株，等到种子成熟变黄后连根拔起，然后在太阳下晒 2~3 天，打出种子，放在阴凉干燥处保存。

005 茼蒿

茼蒿又名蓬蒿，蒿菜，其鲜嫩的茎叶清香甘甜、鲜美嫩脆，生炒、凉拌、做汤均可。茼蒿含有广泛而丰富的营养，尤其是胡萝卜素和矿物质含量较高。其根、茎、叶、花都可作药材使用，有清血、养心、降压、润肺、清痰的功效。常吃茼蒿，对咳嗽痰多、脾胃不和、记忆力减退、习惯性便秘均有较好的疗效。而茼蒿与肉、蛋等共炒时，可提高其维生素 A 的吸收率。茼蒿焯水后拌上芝麻油、精盐，清淡可口，最适合冠心病、高血压病人食用。

何时种植? 3~4 月或 8~9 月，喜冷凉，不耐高温，生长适温 20℃左右，12℃以下生长缓慢，29℃以上生长不良。

种在哪里? 较耐阴，中等光照条件下生长良好，对土壤要求不严格，但以肥沃、保水效果好的土壤为佳。

如何种植? 播种前用 30~35℃的温水浸种 24 小时；将土浇湿，然后将茼蒿种子混合细沙，均匀地撒在土面，覆盖 1 厘米的细土；播种后注意保持土壤湿润，7 天后，茼蒿开始陆续发芽，长出 4 片真叶时间苗 1 次；每周施 1 次薄肥，20 天后，即可长出 6~8 片真叶。

如何采收? 一些过密的幼苗，拔下来后可以食用。长到 15 厘米高的时候可以连根拔起一次性收获，也可以让它们继续长大，然后掐取顶部的嫩梢，待侧枝长出后，再掐取侧枝的嫩梢，这样就可以重复收获很多次。除了留种株，大多数茼蒿在花茎长出前就要收获完毕。

如何留种? 茼蒿留种比较方便，它的花姿很美丽，种子要等成熟变黄后再收获。

☐☐6 香菜

香菜又名芫荽、香荽、漫天星等。它的嫩茎和鲜叶有种特殊的香味，常被用作菜肴的点缀、提味之品。香菜营养丰富，内含多种维生素和丰富的矿物质，还有多种挥发油物质，具有刺激人的食欲、增进消化、发汗驱风等功能。

何时种植？ 8月下旬至翌年4月均可播种，香菜属耐寒性蔬菜，要求较冷凉湿润的环境条件，在高温干旱条件下生长不良，生长适温17~20℃，30℃则停止生长。

种在哪里？ 阳光充足，水分充沛，保水保肥力强，有机质丰富的地块最适宜种植。

如何种植？ 用工具将连在一起的两粒香菜种子搓开，放在35℃温水中浸泡24小时后再播种。若是春播就可以不用催芽，秋播需要将浸泡后的种子捞出后放进冰箱冷藏催芽，待种子露白再播种；将种子均匀地撒在土面上，覆盖0.5~1厘米的细土，最后轻轻喷水将土壤浇透；如果播种时温度较高，需要适当遮阴；若是温度较低，则需要盖塑料膜；播后保持土壤湿润，5~7天出苗，及时揭掉覆盖物，并经常浇水；14天后，香菜幼苗长出真叶，可间苗1次。当苗高10厘米以上，就可陆续收获。

如何采收？ 香菜可陆续间拔采收食用，但采收一定要在抽薹之前全部完成。

如何留种？ 4~5月是香菜的花期，花后结出种子晒干后干燥保存。

□□7 芹菜

芹菜是一种具有特殊香气的茎叶类蔬菜，属于高纤维食物，并且被人体吸收后会产生一种抗氧化剂，常吃芹菜，尤其是芹菜叶，对防治高血压、动脉硬化等都十分有益。芹菜还有助于清热解毒，去病强身，肝火过旺、皮肤粗糙及经常失眠、头疼的人可适当多吃些。

何时种植？ 3~5 月和 9~11 月均可播种。喜冷凉、湿润的气候，属半耐寒性蔬菜，在高温干旱条件下生长不良。发芽最低温度为 4℃，最适温度为 15~20℃，生长适温 15~23℃。

种在哪里？ 喜有机质丰富、保水保肥力强的壤土或黏壤土。沙壤土易使芹菜叶柄发生空心。中等光照或弱光下均能生长。

如何种植？ 播种时应选用新鲜、饱满的种子，将种子放在 48℃温水中浸泡 30 分钟，待冷却后捞出种子晾干后播种；将种子与 3 倍细沙混合撒播，播后覆薄土并浇透水；保持土壤湿润，阳

光过于强烈时要注意防晒，下雨天要防止暴雨冲刷；幼苗 3~4 片叶时，间苗 1 次，苗距 2~3 厘米，并随水施 1 次腐熟肥料，促进枝叶肥壮；30 天左右即可长到 10~15 厘米。

如何采收？ 间苗下来的芹菜都可以食用，少量的可以加入汤中调味，量多可以作为炒菜的配菜。株高 20 厘米以上的芹菜可以将外部的枝叶掰下食用，也可以将整棵芹菜连根拔起收获。芹菜可以长到 40~80 厘米高，在抽薹之前都可以采收。

如何留种？ 留种应选叶宽少裂浅裂的高产株 1~2 棵，开花结籽后收获。

☐☐8 苋菜

苋菜又名野苋菜、赤苋、雁来红。它原本是一种野菜，现在已经成为常见的人工栽培蔬菜，在一些地区被称为"长寿菜"。苋菜含有丰富的铁、钙和维生素K，具有促进凝血及造血等功能。常食苋菜还可以减肥轻身，促进排毒，防止便秘。

何时种植？ 4~6月和8~10月播种为佳，耐热力强，种子在10℃以上温度开始发芽。较高的温度有利于苋菜的生长，在23~27℃气温下生长良好，不耐寒。

种在哪里？ 肥沃、保水的土壤中。中等光照即可。

如何种植？ 将苋菜种子与3倍沙子混合，均匀撒在土里；盖上薄薄一层细土，并浇透水，3~5天苋菜就会发芽；每1~2天喷1次小水，大概10天后，苋菜会长得密密麻麻，这时候需要间苗1次；之后每周追肥1次，大约30天左右，苋菜就能长到10厘米以上。

如何收获？ 苋菜种植30天后就可以收获，可以选择分批收获或是一次性采收。若是分批采收，一定要记住，生长期超过60天的苋菜就会变老，不但颜色变得暗淡，而且吃起来口感也不好。

如何留种？ 苋菜可以自留种子，种子外壳变得枯黄，就可以把它们摘下，然后用手把细小的黑色种子搓出来。晒干后存放在阴凉干燥处，下一季又可种植。

009 空心菜

空心菜又名竹叶菜、通心菜、通菜等，是常见的茎叶类菜。空心菜以嫩茎、叶炒食或作汤，其中含有丰富的维生素 C 和胡萝卜素，有助于增强体质，防病抗病。空心菜有圆叶和尖叶两大类型，花有白色和紫色之分。

何时种植？ 3~8 月均可播种。喜高温多湿环境，是夏、秋季非常重要的蔬菜品种。种子萌发需 15℃以上，蔓叶生长适温为 25~30℃，夏季能耐 35℃高温；不耐霜冻，遇霜茎叶即枯死。

种在哪里？ 距离水源近，比较黏重、保水保肥力强的土壤中。

如何种植？ 将空心菜种子在清水中浸泡 1 天，捞出沥干，用湿润的纱布包好，放在温暖的地方催芽，记得每天喷 1~2 次水，保持纱布湿润；2~3 天后，空心菜种子露出白芽，用筷子在土面平行划几条沟，然后将种子摆放在沟内，最后盖上 1~2 厘米厚的土并浇透水；3~5 天后，空心菜会破土而出，之后每隔 1~2 天浇 1 次水；对氮肥需求很大，每周追肥 1 次；10~15 天后根据需要间苗 1 次；从株高 20 厘米左右开始，就可以收获嫩叶嫩茎。

如何采收？ 空心菜枝条萌发快，勤采摘不但不会影响其生长，反而会促进它长得更快更好，但是每次采摘后，记得随水追施一次腐熟的肥料；采摘的时候，要从距离根部 2~3 厘米的地方将主枝直接掐掉，这样才可以促进根部萌发侧枝。

如何留种？ 空心菜通常 7~10 月开花，花虽然很美丽，但是开花过后，枝叶会变得老硬，不能再食用了。种子要等完全变老再收获。

小贴士：如何盆栽空心菜？

空心菜不但可以吃，还可以盆栽后作为绿植摆放在家中，就像绿萝一样美丽。盆栽的空心菜可以等到间苗时，将间下的苗种植在盆中，圆叶空心菜每株间距 5~7 厘米，尖叶空心每株间距 3~5 厘米。株高 20 厘米以上时，可适当用支架进行固定。

010 木耳菜

木耳菜又名落葵、藤菜、胭脂菜、繁露，是原产中国的一种古老蔬菜。因其叶片肥厚而黏滑，好似木耳，因而得名。木耳菜营养丰富，尤其钙、铁等元素含量很高，而且富含各种维生素，热量低、脂肪少，适合各类人群食用。烹调后清香鲜美，口感嫩滑。

何时种植？ 每年 4~6 月播种，在 28℃左右适温下 3~5 天出苗，如温度偏低应催芽后播种。喜温暖，耐热耐湿性强，不耐寒，遇霜害则枯死，生长适温 25~30℃，在高温多雨季节生长较好，20℃以下生长缓慢。

种在哪里？ 适应性强，对土壤要求不严格，但以保水保肥、疏松肥沃的沙壤土为好。

如何种植？ 将木耳菜种子在清水中浸泡 1 天，然后捞出沥干，用湿润的纱布包好，放在温暖的地方催芽，记得每天喷 1~2 次水，保持纱布湿润；2~3 天后，种子露出白芽，即可在育苗容器里点播，间距 5 厘米，播种后保持土壤湿润；2~3 天后，木耳菜出苗，此后每 2~3 天浇水 1 次；长到 3 片真叶以上定植，株间距为 15/10 厘米；苗高 30 厘米，就可以根据需要采收。

如何采收？ 木耳菜既可以采食嫩梢也可以采食嫩叶。一般来说，不爬藤的采食嫩梢，爬藤的采食嫩叶。以采食嫩梢为主的，在苗高 30 厘米左右时，在基部留 3~4 片叶，以上嫩梢用手摘下，留两个健壮侧芽成梢。之后每次采收时，留 2~4 个侧芽成梢；到中后期要及时抹去花蕾；到秋天生长衰弱时，每次采收只留 1~2 个健壮侧梢，以利叶片肥大。

以采食叶片为主的，在引蔓上架后，除主蔓外，再在基部留两条健壮侧蔓，三条蔓长到架顶时摘心，摘心后各蔓留一个健壮侧芽。采收的叶片应充分展开、肥厚而尚未变老。

如何留种？ 木耳菜每年 9~10 月会开出白色花，结黑色果实，开花结果不影响收获。待黑色果实充分成熟后摘下晒干留种，保存在阴凉干燥处。

四、结球茎叶类菜的种植方法

□□1 大白菜

大白菜就是结球白菜，又名胶菜。原产地中海沿岸和中国，目前在我国栽培面积和消费量居各类蔬菜之首。大白菜以柔嫩的叶球、莲座叶或花茎供食用，可炒食、做汤、腌渍，是餐桌上必不可少的一道美蔬。大白菜具有较高的营养价值，含有丰富的矿物质和维生素，具有清热除烦、利尿通便、养胃生津之功效。

何时种植？ 8 月上旬至 10 月中旬宜种植，喜欢冷凉，属半耐寒蔬菜，耐热性和抗寒性都比较差，只耐轻霜。发芽适温 20~25℃，营养生长适温 5~25℃，结球期要求温度 12~18℃，温度过高则不易结球，叶片散乱。

种在哪里？ 中等光照强度即可，适宜生长在肥沃、保水的土壤中。

如何种植？ 种子混合 3 倍细沙均匀撒在育苗箱的土面上，然后覆盖 1 厘米左右的细土并浇透水；发芽前不再浇水，温度合适的情况下，播种 3 天后就会出苗；出苗后 3 天左右浇 1 次小水即可，10 天后间苗 1 次；20 天后，大白菜秧长到 6 厘米左右高，有 6~8 片真叶时，可以追液肥 1 次；长到 15 厘米高就要定植，行株距 30/20 厘米，定植时要埋入足量的基肥。

如何采收？ 定植剩下的大白菜苗可留在育苗箱中继续生长，并不断间拔采收，作为青菜食用。大白菜包心后，可根据需要采收，一旦外叶叶色开始变淡，基部外叶发黄时就必须一次性采收了，采收时用小刀从根部切下即可。

如何留种？ 大白菜种子用量不大，选取 1 株留种即可，注意避免杂交。

小贴士：如何快速种成大白菜秧（快菜）？

长到 15 厘米以上，但还未开始包心时收获的大白菜又叫大白菜秧或快菜，是近年流行的一种美味蔬菜。种植大白菜秧要选择发芽率高，苗期生长快的品种。发芽后要供应充足的肥水，让其快速生长，及早收获。一般春秋两季可种植多茬大白菜秧。

002 包菜

包菜学名结球甘蓝，俗称洋白菜、圆白菜、卷心菜，起源于地中海沿岸，由不结球的野生甘蓝驯化而来，在中国各地普遍栽培。包菜含有的热量和脂肪很低，但是维生素、膳食纤维和微量元素的含量却很高，是一种理想的减肥食品，炒食、做汤、凉拌均可。紫甘蓝是包菜中的一种紫叶品种，尤其适合凉拌。

何时种植？ 8~9 月，属半耐寒性蔬菜，生长适应温度范围较宽，结球期适宜温度 15~20℃。

种在哪里？ 有充分光照，环境湿润的地方，以土层深厚、富含有机质、保水力强的沙壤土种植为佳。

如何种植？ 将种子在55℃的温水中浸种20分钟，然后沥干水放在湿润的地方催芽24小时；将种子均匀撒在土面，覆土1厘米，浇透水；注意保持土壤湿润，一个星期后即出苗，出苗后及时间苗，等苗高12~15厘米，有5~8片真叶时，选叶片肥厚、颜色深绿、茎粗的植株定植，定植行株距30/20厘米；定植浇足水，生长期开始控制水分，减少浇水次数。当心叶开始包合时，开始供应充足水肥。

如何采收？ 当叶球完全包好，比较紧实的时候采收，采收前少浇水，以免叶球开裂。若到春季还迟迟未采收，随着温度的升高，已经包合的叶片又会慢慢散开，并抽出花薹。

如何留种？ 包菜的花为淡黄色，花后可以自己留种，要避免杂交。

☐☐☐ 包心芥菜

包心芥菜又名大芥菜，是中国著名的特产蔬菜，起源于亚洲。芥菜含丰富的蛋白质、维生素和矿物质，茎叶脆嫩，口味清香，具有抗癌、清热、利尿、养胃、解毒、降压、降脂等功能。包心芥菜不但可以像其他叶菜一样食用外，尤其适合再加工。经过腌制或干制的包心

芥菜色泽鲜黄、香气浓郁、滋味清脆鲜美，常用来做火锅的底料或酸菜、泡

菜、干菜，深受人们喜爱。

何时种植？ 8~9 月播种，喜冷凉气候，忌炎热，稍耐霜冻。发芽适温 25℃ 左右，幼苗期能耐一定的高温，叶片和叶球生长期适温 15~20℃，在 10℃ 以下和 25℃ 以上生长缓慢。

种在哪里？ 喜光照充足，较湿润的环境，既不耐旱又不耐涝。土壤以疏松透气、排灌方便、有机质丰富的沙壤土为宜。

如何种植？ 播前先浇足底水，然后均匀撒播；播后盖细土，并盖上稻草等覆盖物降温保湿；经常保持育苗畦湿润，一个星期左右出苗，出苗后及时揭掉覆盖物，并及时间苗，保持苗距 2~3 厘米；长到 3~4 片真叶时再间苗 1 次，间苗后要施 1 次淡肥水；定植时间一般在苗龄 30 天左右，具有 5~6 片真叶时。定植行株距为 30/20 厘米；定植成活后开始追肥，一般 3 次，肥料由淡到浓，追肥结合浇水进行，以氮肥为主，适当增施磷钾肥。

如何采收？ 包心芥菜收获要及时，防止茎叶老化，降低品质。采收时尽量挑大留小。采收前半个月停止追肥浇水。如果是用来腌制，最好在晴天的下午采收。

如何留种？ 包心芥菜一般 4 月上旬开花，5 月初采收种子。当种荚七八成熟，从果荚上搓下的种子颜色已发黄时，就应马上收割。质量好的种子呈橘红色，色泽艳丽，老熟过头的种子呈褐色。

五、花类菜的种植方法

□□1 花菜

花菜又名菜花、花椰菜，和结球甘蓝（包菜）同为甘蓝的变种。我们通常说的花菜是指白花菜。花菜不仅营养丰富，更是一种保健蔬菜，在美国《时代》杂志推荐的"十大健康食品"中名列第四。花菜中的维生素 K 能维护血管的韧性，使其不易破裂；维生素 C 含量也极高。花菜含有抗氧化的微量元素，经常食用有益健康。

何时种植？ 7 月育苗，8 月初定植，属于半耐寒性蔬菜，喜冷凉气候，不耐炎热，也不耐霜冻。发芽适温度 18~25℃，生长适宜温度为 12~22℃。

种在哪里？ 喜欢充足的光照，但也稍耐阴，花球期要避免强烈阳光照射。喜湿润环境，要供应充足的水分，耐涝力差，田间不应积水。土壤应选用保肥保水良好的壤土或黏壤土。

如何种植？ 将花菜种子放在 30~40℃ 的水中搅拌浸泡 15 分钟，去除瘪籽，然后浸泡 5 小时左右，再用清水淘洗干净，放置在 25℃ 条件下保湿催芽；催芽期间每天用 25℃ 温水淘洗 2~3 次，并将种子上下翻动，使其温湿度均匀，一般经 2~3 天即可出芽；气温稳定在 15℃ 以上时，即可播种。先浇足底水，然后撒播种子，播后覆盖 0.5 厘米厚的细土。播后需注意遮阳降温和防雨；在子叶展开后间苗，苗距 2~3 厘米，间苗后施 10% 的稀粪水 1 次；当幼苗长到 3~4 片真叶时，进行分苗；7~8 叶时即可定植，移栽前浇透起苗水，行株距 25/25 厘米，定植 3 天后再追肥 1 次，浓度提高至 30%；现蕾施重肥 1 次，花球开始慢慢长大。

如何采收？ 花菜的花球充分长大，边缘近松散状时，就要及时收获；未及时收获的花菜会抽薹，影响收获品质。花菜较耐贮藏，常温可放置 3~5 天；用塑料袋包装，并置于 0~4℃ 且湿度较高的条件下，可保鲜 1 个月。

如何留种？ 花菜开花成熟所需时间较长，一般家庭种植不建议自留种子。

002 西兰花

西兰花是花菜的一种，花球为绿色，又名青花菜。西兰花的平均营养价值及防癌防病作用远远超出其他蔬菜，名列第一。西兰花是现在特别受人们欢迎的蔬菜，但是产量较本地花菜低。

何时种植? 播种适期是 7 月中旬到 9 月上旬。

种在哪里? 喜欢充足的光照，但也稍耐阴，花球期要避免强烈阳光照射。喜湿润环境，要供应充足的水分，耐涝力差，田间不应积水。土壤应选用保肥保水良好的壤土或黏壤土。

如何种植? 同花菜基本相同。

如何采收? 自 10 月上旬开始至翌年 3 月，分批采收，采大留小。

如何留种? 西兰花开花成熟所需时间较长，一般家庭种植不自留种子。

六、薹类菜的种植方法

001 红菜薹

红菜薹色紫红、花金黄，在长江流域均有种植，其中以武汉洪山宝通禅寺周围种植的"洪山菜薹"品质最佳。红菜薹营养丰富，含有钙、磷、铁、胡萝卜素、抗坏血酸等成分，多种维生素比大白菜、小白菜都高，既能帮助身体机

能提高抵抗力，又可以维持人体组织及
细胞结构的正常代谢与功能，尤其
适合孕妇食用。

何时种植？ 8~10 月。种子
发芽的适宜温度为 25~30 ℃，
生长适宜温度为 15~25 ℃，
花薹形成期的最适宜温度为
15~20 ℃，昼夜温差大时发育好、
产量高、品质好。冬季可耐 −3 ℃
低温。

种在哪里？ 光照充足、排灌方便、土层深厚疏松肥沃、保肥保水性能好的
沙壤土地。

如何种植？ 整地时要多施腐熟的有机肥，用撒播方式进行播种；播后用遮
阳网覆盖，经常保持育苗畦湿润，1 个星期左右出苗；出苗后迅速揭开遮阳网
防止徒长，在 2 片真叶时可浇 1 次稀薄粪水，并进行间苗和除杂草，苗期 2~3
天浇水 1 次；4~5 片真叶时可以定植，行株距为 45/30 厘米，定植成活后每 3
天浇水 1 次，每周追肥 1 次；现蕾抽薹时追施适当的人畜粪水并供应充足水分；
冬至前后重施一次有机肥，开春后早施追肥，及时摘除"黄脚叶"。

如何采收？ 当主花薹的高度与叶片高度相同，花蕾欲开而未开时及时采
收。主菜薹采收时，在植株基部 5~7 叶节处
稍斜切下。主薹采收后，要促进侧薹
的生长，应重施追肥 2~3 次。侧
菜薹的采收应在薹基部 1~2 叶节
处切取。采收工作应于晴天上
午进行。可以持续采收到翌年
三四月份。

如何留种？ 选择健壮植株留
种，避免与其他十字花科蔬菜杂交。
籽粒鼓起时采收，晾晒至自然开裂后脱
粒，阴凉干燥保存。

002 白菜薹

　　白菜薹是以专供采收花薹的小白菜品种，其菜薹的色泽翠绿，鲜嫩可口，营养价值和大白菜接近，是秋冬期间的重要蔬菜品种之一，全国各地均有栽培，尤其湖南、湖北、安徽、江苏、浙江、江西等地栽培面积较大。

　　何时种植？ 7月中下旬到9月上旬，最适宜播种期是8月上中旬。白菜薹生长最适温度在10~22℃，低于10℃生长缓慢。大苗在2~15℃的低温下，能较快地形成花薹。

　　种在哪里？ 较耐阴，适宜中等光照的条件下，排灌方便、土层深厚疏松肥沃、保肥保水性能好的沙壤土地种植。

　　如何种植？ 与红菜薹大致相同，但定植宜早，出苗18~25天即可定植。

　　如何采收？ 一般白菜薹可以采收3批，但秋季温度高时，植株易早衰，一般情况下只能采摘2批，在菜薹生长到长25~35厘米内及时采收，防止老化后品质变差；主薹采收要低，不要留桩，以保障侧薹的萌发。采收时尽量减小切口并稍斜，以防积水和病害感染。

　　如何留种？ 选择健壮植株留种，避免与其他十字花科蔬菜杂交。籽粒鼓起时采收，晾晒至自然开裂后脱粒，阴凉干燥保存。

003 菜心

菜心又名菜薹、广东菜薹，以花薹供食用。菜心品质柔嫩，美味可口，营养丰富，可炒食、煮汤或作配菜。富含蛋白质、碳水化合物及钙、磷、铁等矿物质元素，还含有丰富的维生素 C。一般人群均可食用。

何时种植？ 在南方温暖地区，一年四季均可播种，中部及北方春秋两季播种。凉爽温和气候，生长适温15~25℃。

种在哪里？ 对光照要求不严，但充足阳光会有利于生长发育。在肥沃疏松的壤土上生长良好。

如何种植？ 选用适合当地气候的菜心品种撒播；播后用遮阳网覆盖，保持湿润，1 个星期左右出苗；出苗后迅速揭开遮阳网防止徒长，幼苗真叶展开后，应及时疏去密苗、弱苗和病苗并浇 1 次稀薄粪水；20~25 天，有 4~6 片真叶时即可定植，行株距约 15/10 厘米。选晴天傍晚或阴天进行定植，随拔随栽，栽后浇透水；一般定植后一周开始，用 20% 的腐熟人畜肥，每周追肥 1 次，植株现蕾时，增加追肥浓度，在主薹采收后要重施追肥 1 次。施肥时应避免肥料落在花蕾上造成烂蕾。

如何采收？ 菜心出现大花蕾但尚未开放时采收为宜。切口易感染软腐病，采收时要斜切。采收工作应于晴天上午进行。一般夏季栽种的早、中熟菜心品种，只收主薹不收侧薹。秋冬栽培的晚熟菜心品种，营养生长基础好，除采收主薹外还可留侧薹。对于采收侧薹的菜心，在植株基部 2~3 叶处割取主薹，利用这两三个腋芽萌发侧薹，待侧薹长成后再采收。

如何留种？ 选择长势强壮，具有本品种优良特征的单株作留种株留种。应与十字花科植物严格隔离。种子成熟一般在冬末春初。种子采收后，要充分干燥，再密封贮藏。

004 芥蓝

芥蓝又名芥兰，栽培历史悠久，是中国的特产蔬菜之一。芥蓝的菜薹柔嫩、鲜脆、清甜，味鲜美，含有较多的维生素C和矿物质，是甘蓝类蔬菜中营养比较丰富的一种蔬菜，可炒食、汤食，或作配菜，具备利水化痰、解毒祛风、除邪热、解劳乏、清心明目等功效。

何时种植？ 2~3月或9~10月，秋播比春播长势好、产量高。芥蓝喜温暖，种子发芽和幼苗生长适温为25~30℃，10℃以下时生长缓慢，叶丛生长和菜薹形成适温为15~25℃，喜较大的昼夜温差。30℃以上的高温对菜薹发育不利。

种在哪里？ 种在光照条件好、光照充足，底肥充足、土质疏松、保水保肥好的壤土中。

如何种植？ 采用撒播的方式播种，播后浇透水，可以用育苗容器播种，也可以直播；播种后3~5天出苗，出苗后要保持土壤湿润；2片真叶出现以后进行间苗，此后每周施薄肥1次；25~35天达到5片真叶时即可定植，选择生长好、茎粗壮、叶面积较大的嫩壮苗，不用小老苗，定植行株距为30/20厘米。若是直播，则要通过多次间苗达到这一间距，及时进行中耕和培土。

如何采收？ 当花薹与基部叶片高度相同时采收，采收主薹时，基部保留4片叶以供腋芽生长形成较好的侧薹，采收侧薹基部应留2片叶子。

如何留种？ 选择具有需留品种特征的植株留种，以抽薹一致、花球紧密、菜薹肥壮、薹叶细小的为佳。注意避免杂交。

菜园心语：有"个性"的茎叶类菜

茎叶类菜是蔬菜大家庭里最普通、最低调的种类了。有人认为它们寡淡无味，有人觉得毫无特点，还有人认为它们吃法单一，让人提不起兴趣。

诚然，茎叶类菜中的大部分成员都是性子平淡温和的，但也有少数几个成员个性十足、与众不同。首当其冲就是香菜了，这种学名芫荽的植物真是让人又爱又恨，毁誉参半，喜欢的甘之如饴，称其"香菜"，讨厌的闻之色变，斥其"臭菜"。到底香还是臭，众说纷纭，莫衷一是。其次就是芹菜，这里说的是香芹，不是西芹。西芹本身味道较香芹淡，而且去掉叶子仅留秆子的做法让它的香味所剩无几了。芹菜的味道其实是很淡的，似有似无，但辨识度很高，只要餐桌上有一个菜加了芹菜，你立马就能闻出来。香菜和芹菜都是伞形花科的蔬菜，它们的叶子也很相似，叶片小且缺刻大，有时候仅凭外观并不容易识别，但是挥发性香味物质却很容易把它们区分开来。排第三的我认为是茼蒿。茼蒿的味道从采摘到清洗到烹饪，都一直隐隐地藏着，直到入口之后，奇特的味道才会从味蕾中蔓延开来。它是菊科的蔬菜，它的近亲生菜、莴苣、油麦菜都不如它有"味道"。

关于茎叶类菜的吃法，我认为最简单不过了，不需要复杂的刀工，烦琐的烹饪步骤，不需要荤菜来搭配，简单炒炒加盐出锅，就是美味。而我更推崇的是另一种做法，就是水煮青菜，不论是煮面还是煮汤，放几片青菜简直就是画龙点睛一般的存在。那种软、嫩、鲜、甜的口感，吃一次就令人难忘。当然，这里的青菜一定要是自己种植的有机蔬菜。外面买来施了过多化肥的青菜，要么口感很糙，要么味道很淡，青菜本来的清新口感已经荡然无存。所以，想要品尝最鲜美的青菜，请试着自己动手种植吧！

PART 6

天台菜园种植计划之茄果类菜

一、茄果类人人都爱

茄果类蔬菜主要是指茄科的蔬菜，我们常见的有番茄、辣椒、茄子和秋葵。这些蔬菜虽然种类不多，但它们是天台小菜园不可或缺的部分。

表 12　茄果类蔬菜一览表

蔬菜名称	特　点	品种介绍
番茄	果实酸甜多汁，深受小朋友和爱美女士的喜爱。生长期较长，可持续收获 2~3 个月	常见的作为蔬菜的番茄有大红和粉红色之分，大红色汁多，粉红色沙糯。其他微型番茄品种繁多，如红/黄圣女、红/黄/绿五彩、黄洋梨、小蒂姆、黑珍珠等
辣椒	营养丰富，品种不同，辣度也各不相同。生长期较长，一茬果实收获后修剪枝条秋季可以再结一茬果实	辣椒按照辣度分为菜（甜）椒和辣椒，形状有牛角形、羊角形、鸡心形、线形等。还有五彩椒、七姊妹、白玉、朝天椒、哈瓦那、超级二荆条、珍珠椒、南瓜椒、风铃椒等品种，不仅能食用，还能盆栽作观赏用
茄子	富含维生素 P，能增强人体免疫力。生长期较长，一茬果实收获后修剪枝条秋季可以再结一茬果实	茄子最常见的为紫茄，形状有长条形和圆形、椭圆形。现在还有新品种白茄和绿茄栽培

（续）

蔬菜名称	特　点	品种介绍
秋葵	具有补肾的功效，形状奇特，带有黏液，是近年兴起的一种健康蔬菜。生长期较长	秋葵主要分为黄秋葵和红秋葵，黄秋葵绿秆黄花绿色果实，红秋葵红秆黄花红果实

　　这里需要说明的是，我们熟悉的土豆，也是茄科蔬菜，但是由于它以地下的块茎为主要收获对象，因此在天台菜园的种植中，把它和萝卜、甘薯等一起归在根茎类蔬菜当中。

二、 茄果类菜的种植方法

001　番茄

　　番茄又名西红柿、洋柿子，原产于秘鲁，果实酸甜多汁，风味独特。含有丰富的维生素C和维生素A以及叶酸、钾等营养元素及矿物质元素。特别是它所含的茄红素，对人体的健康更有益处。常食番茄，具有生津止渴、健胃消食、清热解毒、凉血平肝、补血养血和增进食欲的功效。

　　何时种植？ 多以春番茄为主，3~5月播种；南方春秋两季可种。番茄喜温，发芽适温25~30℃，最低发芽温度12℃。生长适温15~28℃，长时间低于15℃，不能开花或果实发育不良。

　　种在哪里？ 土壤应选用土层深厚，排水良好，富含有机质的壤土或沙壤土，适当加入一些磷钾肥。结果期每天至少需要8小时日照，因此要种在阳光充足无遮挡的地方。

如何种植? 先将种子用温水浸泡 6~8 小时,使种子充分膨胀,然后放置在 25~30℃条件下催芽 2~3 天;在育苗碗里每隔 2 厘米撒 1 粒种子,播种后覆盖厚度约 1 厘米的细土并浇透水,早春播种时还需要套上一个塑料袋保温;幼芽开始顶土出苗时,如果因覆土过薄,出现小苗裸根的现象,应立即再覆土 1 厘米;番茄刚刚长出真叶,就可以移到单独的育苗钵(黑色营养钵或一次性塑料杯均可),每隔 7~10 天喷液肥 1 次;4~5 片叶时摘心 1 次,侧枝长出后只留 2~3 根主枝,其余的芽要一律抹掉;当番茄开花之前,选择晴天的上午定植。栽苗的深度以不埋过子叶为准,适当深栽可促进根系生长。大田定植行株距 50/30 厘米,直径 20 厘米左右的花盆一般只定植 1 棵;番茄定植成活后就需要用棍子树立支架,长到 60 厘米高时要对主枝摘心,花开后进行人工授粉;第一个果穗开始膨大时,施用有机液肥,以后每隔 10 天追肥 1 次。

如何采收? 番茄果实大部分变红时就可以采摘,若尚有青色,则在室温下放置两天就能完全转红。若完全变红后还未采摘,果实会自己落下烂掉,因此适时采摘很重要;采收时连果柄一起轻轻摘下,不要用力拉扯以免伤及枝干。

如何留种? 留种的番茄须等到果实完全红透后,取出种子洗净晾干保存。

002 辣椒

辣椒又名番椒、海椒,原产南美洲热带地区,明末传入中国湘楚之地。含有丰富的维生素 C、β-胡萝卜素、叶酸、镁及钾,其维生素 C 含量在蔬菜中居第一位。辣椒能促进消化液分泌,适当吃点辣椒,能让人食欲大振。

何时种植? 北方 4~5 月,南方 3~4 月。辣椒喜温,不耐霜冻,发芽适温 25~30℃,超过 35℃或低于 10℃都不能发芽。生长适温度 20~30℃,开花结果期温度不能低于 10℃。

种在哪里? 喜肥，土质疏松、肥力较好的沙壤土种植为佳。喜光照，安排种植在阳光充足的地块。

如何种植? 将种子在阳光下暴晒 2 天，然后用 25~30℃ 的温水浸泡 12 小时；

将种子均匀撒到育苗碗里，再用一层 0.5~1 厘米厚的细土覆盖，然后浇足水；70% 小苗拱土后，要趁叶面没有水时向苗床撒 0.5 厘米厚细土，可以防止苗倒根露；

当幼苗长至 5 片真叶以上时，即可定植，定植行株距 40/30 厘米，直径 20 厘米花盆，1 盆只定植 1 棵；在定植 15 天后追 1 次粪肥及少量磷肥，并结合中耕培土，此后可每 10 天左右浇 1 次粪水，花开后到坐果期间适当减少浇水量。

如何采收? 一般花谢后 2~3 周，果实充分膨大、色泽青绿时就可采收，采摘时注意连果柄一起摘下，这样保存的时间会比较长，可持续收获 5~6 个月。在夏季高温期间，第一茬高峰果实采摘完后，在 7 月下旬至 8 月上旬进行 1 次剪枝，能有效提高产量。剪枝时大枝保留 10~20 厘米，以上分枝全部用锋利的剪刀剪掉并顺手剪去病枝和弱枝。剪枝后，要注意追肥，并及时清除杂草。

如何留种? 选择结在中部、个大、饱满、无病虫害的果实，等待变红就可以采摘。红辣椒肉可以食用，种子放在太阳下晒干储藏即可。

□□□ 茄子

茄子又名落苏，原产东南亚一带，公元四至五世纪传入中国。茄子的营养较为丰富，特别是维生素 P 的含量很高。经常吃些茄子，有助于防治高血压、冠心病、动脉硬化和出血性紫癜。此外，茄子还有清热活血、消肿止痛的功效，对慢性胃炎、肾炎水肿等疾病都有一定的治疗作用。

何时种植? 北方 4~5 月，南方 3~4 月。茄子喜温，不耐霜冻，生长适温 20~30℃，低于 20℃ 时，果实发育不良，生育缓慢，容易引起落花，5℃ 以下出现冷害。

种在哪里? 茄子非常吃肥，不但需要氮肥，还要多施用磷肥和钾肥。喜欢光照充足、有机质含量高、透气好的壤土或黏壤土。

如何种植? 将种子用细土拌匀后均匀撒于土面，再用一层 0.5~1 厘米厚的细土覆盖，然后浇足水；低温时要覆膜，高温时要遮阴，保持土壤湿润直至发芽；苗期保持土壤湿润即可，5~6 片真叶时定植，行株距 50/30 厘米，花盆定植一般直径 20 厘米每盆 1 棵；茄子定植成活后需要用棍子树立支架，一株茄子只留两到三根主枝，其余的芽要一律抹掉。长到 30~40 厘米高时要对主枝摘心，并追施 1 次腐熟有机肥，其后视长势施肥，约每月 1 次；开花至挂果时增加施肥次数，约每 10 天 1 次，以磷钾肥为主，每次采收后要施肥 1 次；挂果期应保持土壤湿润，忌忽干忽湿，一般在傍晚浇水。最好让果实自然下垂生长，最下部的果实可以摘除，以免接触土壤腐烂；炎热高温的夏季注意排水和通风，适当剪去下部的老叶，增加通风采光，能有效预防"烂茄子"。

如何采收? 茄子从开花到果实成熟约需 20 天，当果实饱满、表皮有光泽时即可采收。在一茬果实收获后的 7 月底至 8 月上旬，将茄子老枝条大部剪掉，只留植株的基部和大枝，大枝仅保留 20~30 厘米。剪枝后一般 40 天就可采摘一批再生茄子，肥水管理得当的可收获到 11 月（霜降）。

如何留种? 从果实成熟至种子成熟约再需 30 天。成熟果实的上半部分无种子，下半部分才有种子，将种子洗净晾干保存即可。

004 秋葵

秋葵又名秋葵、羊角豆，原产非洲，以嫩果供食用。秋葵是一种低脂肪、低热量、无胆固醇的蔬菜，具有较高营养价值，经常食用可保护肠胃和肝脏，并增强身体耐力和强肾补虚。

何时种植？ 露地栽培，4~6 月播种，7~10 月收获，秋葵喜温暖、怕严寒，耐热力强。当气温高于 15℃，种子即可发芽。生长适温 25~30℃。

种在哪里？ 要求光照时间长，光照充足。以土层深厚、疏松肥沃、排水良好的壤土或沙壤土较宜。

如何种植？ 播种前将土地深耕 20~30 厘米，施足基肥；用 20~25℃温水浸种 12 小时，然后沥干，包在湿润的纱布中，于 25~30℃条件下催芽 48 小时，待一半种子露白时即可播种；按行株距 80/50 厘米挖穴，先浇足底水，每穴播种 2~3 粒，覆土 2~3 厘米。约 7 天出苗；第 1 片真叶展开时进行第一次间苗，去掉病残弱苗，并供应充足水份；当有 2~3 片真叶展开时定苗，每穴留 1 株壮苗，并追肥 1 次；开花坐果期要经常浇水，并追肥 1 次。

如何采收？ 当果实长到长度 5 厘米以上时，即可采摘。黄秋葵果实很容易变老变硬，这时口感就较差了，要及早采摘，宁嫩勿老。

如何留种？ 留种的果实成熟后，颜色变得枯黄，棱角交接处开裂，这时就可以采收留种了。

菜园心语：幸福的天台菜园

菜园在顶楼高高的地方，一阵风吹过，蔬菜们的叶子也相互摩擦沙沙作响。清晨的露珠还留在叶面上，仿佛昨晚蔬菜们偷偷哭过，让人不禁联想：是昨天摘下的果实让它思念，还是枯萎的同伴让它伤感了呢？可是这念头转瞬即逝，因为它们很快就扬起了笑脸，随着微风轻轻点头，就像在和我们打招呼："你好你好！欢迎来到小菜园！"

旁边就是一丛空心菜，它们的心虽然是空的，可是一点也不气馁，卯足了劲往上长，一两天不见，又大变样了。今天的它们，看起来很不一样，可是哪里不一样，一下子却也说不上来，带着困惑围着它走了一圈，初见端倪——几朵白色的喇叭状花朵正在绿叶的掩映中盛开，像一群卫兵保卫着的公主，霎时间，我明白了它的骄傲和得意。

再往前走，来到了木耳菜的领地。这家伙人高马大，顶部的叶子要踮起脚尖伸着手臂才能够到，一片叶子大过一个成年人的手掌。让人有时候都怀疑，它是不是变异了，能够变魔法似的将绿色的藤蔓一直延伸到天上去。回想起种植的过程，原来，是埋在土里的鸡粪发挥了大作用。

番茄和辣椒，一红一绿分布在走廊两侧，红的如红宝石，绿的似孔雀石，明亮的色彩令人愉悦，胸中的那股浊气也涤荡一空。它们一个个挤在一起，像极了一队穿红衣裳的羞涩女孩子和一队生龙活虎的男娃娃。茄子则散发着高贵神秘的紫色光泽，矜持地站在一边，俨然一群学识渊博的老学者。随着天边流云渐红，它们共同迎接新的一天到来！

一路踱步来到黄瓜藤前，这个家伙相当低调，总是把瓜结在不起眼的地方。次次看，时时摘，总有漏网之瓜，也罢，既然上天不让它进我们的肚腹，那就让它好好传宗接代吧。今天忽然有了兴致，想数数到底有多少条瓜，数来数去，却糊涂了，有些没看见的，也有些算了两次，从花刚刚谢到已长到一

指长的，全部算上，大约有40多条。为了摘两条黄瓜做菜，我绕着这片黄瓜地，前后左右转了两圈，像个小孩似的，把所有个头稍大些的黄瓜观察了一遍，嘴里还念叨着："这条还嫩，摘了可惜，要不……再等两天？""这棵藤瓜多，赶紧把下面的瓜摘了，才能让小瓜长大……"就这样转悠到太阳的金光洒遍菜园，暑热开始逼人往外冒汗了，才"哎哟"一声，赶紧摘下两条，抱在怀里跑回去了。

菜园是简陋的菜园，菜是普通的菜，但总在平常的日子温暖人心，一天都不曾缺席。如果没有过分的奢望，从小菜园里寻找小幸福，似乎是一条捷径。

PART 7

天台菜园种植计划之瓜类菜

一、形态各异的瓜类

　　我们常见黄瓜、冬瓜、南瓜、丝瓜、西瓜、甜瓜等瓜类都属于葫芦科。葫芦科是世界上最重要的食用植物科之一，其重要性仅次于禾本科、豆科和茄科。葫芦科共有 118 属，845 种，可供食用或观赏。大多数为匍地或以卷须攀援的 1 年或多年生草本植物，原产于温带及热带，不耐霜或不能生长于冷土中。我国栽培的瓜类有十余种，分别属于南瓜、丝瓜、冬瓜、葫芦、西瓜、黄瓜、佛手瓜、栝楼和苦瓜 9 个属。

　　瓜类菜的形态、大小、颜色各异，而且品种繁多，是我们生活中必不可少的重要蔬菜。

二、瓜类菜的主要种类和品种

瓜类菜主要种类和品种可以通过下表了解：

表 13　主要瓜类菜一览表

蔬菜名称	特　点	品　种
南瓜	生长期长，占地面积大，单瓜个头大	南瓜品种繁多，外观变化多样、色彩丰富，是所有瓜果类蔬菜中外形最为多样者。瓜形有灯笼形、纺锤形、枕头形，皮色有墨绿、黄红、橙红及绿皮上散生黄红斑点等不同颜色
西葫芦	西葫芦不爬藤，不占地，生长周期较短，特别适合家庭种植	常见的有白皮、绿皮和条纹西葫芦，还有金黄色的香蕉西葫芦和球形西葫芦
黄瓜	生长期较长，收获期也很长，还可以一年两季种植。生熟食均可	黄瓜品种较多，最为常见的是绿皮黄瓜，还有白皮、黄皮、条纹等，水果黄瓜、柠檬黄瓜等新品种也开始流行
苦瓜	生长期较长，收获期也很长	苦瓜有白皮和绿皮之分，一般来说绿皮的苦味较白皮淡。心仪的品种可以连续数年留种
丝瓜	生长期较长，可一直收获到深秋	丝瓜主要分为北方的肉丝瓜和南方的棱丝瓜，肉丝瓜水分多，肉厚，棱丝瓜形状好看，口感稍硬

三、瓜类菜的种植方法

001　黄瓜

黄瓜，也称胡瓜、青瓜，肉质脆嫩、汁多味甘、芳香可口。常食黄瓜可改善人体新陈代谢，并有减肥和预防冠心病的功效。同时，还能有效对抗皮肤老化，减少皱纹，让人容光焕发。

何时种植？ 以春、秋两季种植为主。春季在 2 月上旬至 3 月上旬，秋季在 7 月下旬至 10 月上旬。黄瓜喜温不耐冻，最低发芽温度为 12℃，最适发芽温度为 28~32℃，10~32℃均可生长，其中生长最适温度为 18~25℃。

种在哪里？ 黄瓜怕旱又怕涝，喜肥而不耐肥，须薄肥勤施，宜选择富含有机质、浇水施肥方便的沙壤土种植，并且选择光照充足的地方。

如何种植？ 先用 50℃温水浸种 10 分钟，然后洗净，用常温水浸种 4 个小时，再用纱布包好放于室内温暖处催芽 2~3 天，当种子露白即准备播种；用育苗碗装好育苗培养土，在土面上戳出一个个的小洞，一洞放入一粒种子，然后盖土 1~2 厘米，浇透水；1 周后，黄瓜全部出苗，之后每 2~3 天浇 1 次水；当黄瓜有 5~6 片真叶时定植到大田或大型的容器中，大田定植行株距 50/40 厘米，盆栽直径 20 厘米 1 盆 1~2 棵；苗长 20~25 厘米时搭架引蔓，并追肥 1 次；黄瓜开花后，要适当减少浇水量，并进行人工授粉。黄瓜藤超过 1.5 米就需要摘心，不开花的侧蔓要尽早掐掉，老叶黄叶也全部剪掉。

如何采收？ 黄瓜一般开花后 15 天左右就可以收获，果实上的肉瘤充分展开而表皮尚未膨大时最佳。进入收获期后，每星期追肥 1 次能够让黄瓜结出更多的果实。苦味黄瓜不能食用，其中的苦味素会使人出现呕吐、腹泻、痉挛等中毒症状。

如何留种？ 选择健壮结果早的植株留种，让黄瓜自然变老，呈黄色，然后取出种子晾干，干燥保存。结过苦味瓜的植株不适宜留种，尖嘴、大肚、细腰、弯瓜等畸形瓜也不适宜留种。

002 西葫芦

西葫芦又名茭瓜、白瓜、笋瓜。原产北美洲南部，如今在我国广泛栽培。西葫芦含有较多维生素C、葡萄糖等营养物质，尤其是钙的含量极高。西葫芦还含有一种干扰素的诱生剂，可刺激机体产生干扰素，提高免疫力。富含水分，有润泽肌肤的作用，尤其适合爱美的女士食用。

何时种植? 4~5 月春播或 8~9 月秋播都可，以春播为佳。西葫芦喜温，种子在 13℃以上开始发芽，发芽适温 25~30℃。生长适温 18~25℃，开花结果期温度要求高于 15℃。不耐高温，高于 32℃花果发育不良。

种在哪里? 在光照充足条件下生长良好，对土壤条件要求不严格，沙壤土和黏壤土均能正常生长，但以肥沃的沙壤土为佳。

如何种植? 用 50~55℃的温水烫种，不断搅拌 15 分钟，待自然冷却后浸种 4 小时，再放在 25℃的温度下催芽，3~5 天后芽长约 1.5 厘米时即可播种；选择晴朗温暖天气播种，在育苗碗内用穴播的方法间隔 3~5 厘米播种，播后覆土约 2 厘米，并浇透水；播种后保持较高的温度和湿度，有需要可以覆盖薄膜，约 3~4 天出苗；幼苗长出 4 片以上真叶时就可以定植，间距 40 厘米以上；花开后，在晴天上午的 6~8 时，进行人工授粉，结瓜期随水追肥。

如何采收? 西葫芦的瓜，老嫩都可食用，可根据个人喜好，在花后 15 天左右，陆续采收。若是果实较多，那么早期结瓜应及时收获，不然后续结瓜就很难长大。根据肥水和品种，一般单株结瓜 3~7 个。

如何留种? 选择健壮结果早的植株留种，瓜自然变老呈黄色时，取出种子晾干，干燥保存。

003 丝瓜

丝瓜又名水瓜、布瓜，原产南洋，明代引种到我国，成为人们常吃的蔬菜。丝瓜所含各类营养在瓜类食物中较高，所含皂苷类物质、丝瓜苦味质、黏液质、木胶、瓜氨酸、木聚糖等都对人体有好处，药用价值很高，全瓜都可入药。

何时种植？ 4~5 月，丝瓜喜温耐热，最适宜的发芽温度为 28℃，20℃以下时发芽缓慢。生长适温 18~24℃，开花结果适温 26~30℃。

种在哪里？ 对光照要求不严，在光照充足的条件下有利于丰产优质。在土壤深厚、含有机质较多、排水良好的肥沃壤土中生长最好。

如何种植？ 丝瓜移栽成活率较低，一般采用直播方式。单行种植，穴距为30~50厘米，每穴播种 2 粒，深度为 1~2 厘米，种粒平放，播后覆土，浇透水；播后给土面盖干草，以保温保湿，1 周后出苗；苗期每周追薄肥 1 次；当蔓长达 50 厘米左右时，开始搭 2 米高的棚架，引蔓上架后要把下面多余的侧蔓摘除，以利于通风透光，中后期一般不进行摘蔓；丝瓜在雌花出现前，应适当控制肥水，以防徒长。待第一朵雌花出现后要施重肥，可用花生麸、人畜粪开沟施于畦两边；盛收期可用鸡粪重施于畦两边，同时注意摘除过密的老黄叶和多余的雄花。

如何采收？ 一般在花后 8~12 天瓜成熟时采收，此时瓜身饱满，果柄光滑，瓜身稍重，手握瓜尾部摇动有震动感。以后每采收 1~2 次，追肥 1 次。

如何留种？ 丝瓜花谢后 40 天果实完全成熟。选取健壮、结果部位低、产量高的植株上的壮实大瓜作为留种瓜。等瓜完全枯黄时摘下，将种子晾晒 2~3

天，然后放在干燥通风的地方，等待来年种植。老熟丝瓜纤维发达，可入药，称为"丝瓜络"。

004 苦瓜

苦瓜又名凉瓜，原产于亚洲热带地区，在我国的栽培历史约有 600 年。苦瓜具有特殊的苦味，但口感清爽，吃过后还有股回甘，可谓苦尽甘来。苦瓜性寒，具有清暑解渴、降血压、血脂、养颜美容、促进新陈代谢等功能。

何时种植? 4~5 月。苦瓜喜温，耐热，不耐寒，在南方夏秋的高温季节仍能生长。发芽适温 30~33℃，20℃以下发芽缓慢。枝叶生长适温 20~30℃。开花授粉期适温 25℃左右，结瓜生长适温 15~25℃。

种在哪里? 喜光不耐阴，适合种植在阳光充足、浇水方便、底肥充足的土壤中。

如何种植? 用 50~60℃温水浸种 15 分钟，边浸边搅拌，待水温降至室温后再继续浸 12 小时，然后置于 25~30℃下催芽，约 2 天后，即可发芽；用一个育苗碗装上育苗土；用手指在土面上戳一些小洞，1 洞放入 1 粒种子；播后用 1 厘米厚的土覆盖，并注意淋水，直至幼苗出土为止；3~5 天后，苦瓜嫩黄的芽就开始破土而出；2 片真叶时，可以分苗到营养钵中，等到气温稳定后再定植；5~6 片真叶时选晴天上午进行定植，每株间距 50 厘米；定植后 7 天左右可施用 10% 浓度的腐熟肥料，以后每隔 5~7 天施 1 次，其浓度逐渐加大，待至开花结果时，肥料浓度可增加到 30% 左右；适当浇水，一般每隔 2~3 天浇水 1 次。开花后可进行人工授粉；结果期将距离地面 50 厘米以下的侧蔓及过密的和衰老的枝叶摘除。主蔓长到 1.5 米要及时摘心。

如何采收？ 苦瓜一般在花谢后 15 天左右，表面肉瘤展开时采收。采收期间的需水量较大，应每天浇水 1~2 次。苦瓜喜肥，每收 1 次瓜后追肥 1 次，可以延长采收期。

如何留种？ 选择生长健壮，无病虫害，结瓜多，瓜形端正，具有本品种特征的植株作留种株。而挑选种瓜时，要选择瓜形好、生长快的瓜作种瓜。成熟后通体发黄，甚至会开裂，取出种子，用清水洗去红色种瓤，把种子摊开阴干，装入布袋，贮存于通风干爽处。

005 瓠子

瓠子又名瓠瓜，果肉白色。果实嫩时柔软多汁，全国大部分地区均有栽培，长江流域一带广泛栽培，夏秋两季采收。含有一种干扰素的诱生剂，能提高机体的免疫能力，发挥抗病毒的作用。瓠瓜性平，味甘淡，具有利水消肿，止渴除烦，通淋散结的功效，尤其适宜炎热的夏天食用。

何时种植？ 北方在 4 月中下旬播种，南方在 3 月上中旬播种，瓠子种子 15℃ 开始发芽，用 40℃ 温水浸种 24 小时，催芽后再进行播种，30~35℃ 时发芽最快，生长适温为 20~25℃。

种在哪里？ 瓠子喜温，不耐寒。对光照条件要求高，在光照充足的条件下，产量高，病害少。不耐旱也不耐涝，不耐贫瘠，应注意补充水肥。土壤以富含腐殖质、保水保肥能力强的壤土或黏壤土为宜。

如何种植？ 用 40℃ 温水浸种 24

小时，捞出后用湿纱布包好放在 25~28℃ 的地方催芽，出芽 60% 左右即可播种；采用穴播法直接播种，穴距为 30/50 厘米，每穴播种 2 粒，深度为 2~3 厘米，将催好芽的种子，芽眼朝下放好，播后用土将穴覆盖并浇水；适当浇水，但不能过涝，一般 1 周即出苗，幼苗期不要浇太多水，等到 5~6 片真叶时摘心；在主蔓长到 30 厘米左右时，结合灌水，施 1 次有机肥；在主蔓长到 50 厘米左右时，可以为瓠子搭一个简易的棚架，让其匍匐在架上生长，节约地面空间。花开后可以实施人工授粉，保证坐果。

如何采收？ 一般花谢后 15 天，瓠子表皮变硬颜色变浅即可收获。尽早收获头茬果实有利于后结的果实生长。每收获 1 次需追肥 1 次。有些瓠子由于遗传原因会有苦味，这种瓠子不能食用，会引起食物中毒。瓠子不可生吃。

如何留种？ 从花谢至充分老熟需 70~80 天，时间较长，应在健壮植株上选结瓜早、节间密、瓜形大小一致，形状整齐，具有本品种特性，无病株上的第 2 个瓜作种，每株以留 1 个瓜为度。当皮色黄褐，果皮坚硬时剪下，悬挂晾干或取出种子晒干贮存备用。

006 南瓜

南瓜又名金瓜、倭瓜，嫩果味甘适口，是夏秋季节的瓜菜之一，一般炒食。老瓜可作杂粮食用，或做成南瓜口味的甜点，瓜子可以干炒后作零食。南瓜含有淀粉、蛋白质、胡萝卜素、维生素 B、维生素 C 和钙、磷等成分，能润肺益气，疗肺痈便秘，并有利尿、美容等作用。

何时种植？ 春播 2~4 月，秋播 7~8 月，春植采用育苗移栽方式，秋植采用直播方式。南瓜种子在 13℃ 以上开始发芽，发芽适温 25~30℃。生长适温 18~32℃，开花结瓜温度不能低于 15℃。果实发育适温 25~27℃。夏季高温生长易受阻，结果停歇。

　　种在哪里？ 有充足阳光，在高温季节，能方便遮阴的地块。对土壤要求不严格，以底肥充足的沙壤土为佳。

　　如何种植？ 用清水浸种 4 小时，浸后淘洗干净，放在温度 20~25℃的地方催芽，上覆湿纱布。每天淘洗 1 次，待种子裂嘴后播种；采用穴播，穴距为 50~80 厘米，每穴播种 2 粒，深度为 2~3 厘米，播后用土将穴覆盖并浇水；北方寒冷地区播种后需盖膜保温，以防霜害，霜期过后揭膜。花盆里的南瓜可以套上塑料袋或移到室内保温，一般 1 周即出苗。在 5~6 片真叶时摘心，选留 2~3 条健壮且粗细均匀的子蔓；摘心后追 1 次有机肥，果实膨大期再追 1 次有机肥；南瓜开花期遇高温或多雨，易发生授粉不良，应当人工辅助授粉。

　　如何采收？ 一般以收老瓜为主，花谢 40 天后可采收。也可根据需要适当提前或推迟收获。除了南瓜外，南瓜的嫩茎节、嫩叶片和嫩叶柄，以及嫩花茎、花苞均可食用，但采收次数不宜太多，否则会影响南瓜的生长。

　　如何留种？ 南瓜完全成熟后表皮变硬，可食用南瓜肉，挖出瓢中的种子，洗净晾干保存。

☐☐7 冬瓜

　　冬瓜又名白瓜，原产于我国南部和印度，现在我国南北都有栽培。冬瓜含有糖、蛋白质、多种维生素和矿物质，营养丰富，有利尿消肿、清热、止渴、解毒、减肥等作用。

　　何时种植？ 2~4 月。冬瓜耐热性强，怕寒冷，不耐霜冻。发芽适温 30~35℃，在茎叶生长和开花结果期，以 25~30℃为宜。

　　种在哪里？ 喜光，全天候的日照才能满足需要。对土壤要求不太严格，以

肥沃疏松、透水透气性良好的沙壤土为佳。

如何种植？ 播种前先将种子用温水浸泡 5~6 小时，捞起放在 30℃左右环境下催芽；种子露出白芽后播种，采用穴播，间距 3~5 厘米，每穴 1 粒，播后浇透水；当气温稳定在 15℃以上选晴天进行定植，每畦植 1 行，行株距 70~60 厘米；定植后待苗高 50~60 厘米时即搭架引蔓；在冬瓜开花前追肥 1 次，并及时灌水；开花后及时进行人工授粉，并摘除所有侧蔓；幼果期、果实膨大期分别追肥 1 次。

如何采收？ 当冬瓜个头停止膨大留种，表皮变硬，用指甲不能轻松掐破时，即可采收。

如何留种？ 食用时挖出种子洗净晾干，留待来年种植即可。

菜园心语：无心栽瓜瓜结啦

种菜总是能带给我惊喜。有些惊喜是情理之中，而有些，则是意料之外了。比如一个不起眼的角落里有两厘米的渣土中，长出偌大一棵紫苏，不仅枝繁叶茂，而且开花结子，生生不息。

还有花盆里种的那棵南瓜，当初是多余的一棵小苗，小菜园里没地方栽，就随手种在一个花盆里，盆里是黄色的生土，板结得厉害。种下后也没怎么管，想起来就浇点水，眼看藤子越长越长，夏天过完，秋天到了还没开一朵花，心想，估计这瓜是结不了，就当绿植养养眼吧。谁知在 10 月的最后一天，竟然惊喜地发现它结了瓜！不是 1 个，而是 3 个！而且是 3 个自然授粉成功而结的瓜！更神奇的是，我找遍整棵藤蔓，没发现已经开败或正在开的雄花。难不成是有位"田螺姑娘"专程从别处摘来雄花给雌花授的粉么？这真是个未解之谜。不过这丝毫不妨碍我和妞妞兴奋得手舞足蹈，我更是抓起手机一阵猛拍。3 个几厘米长的小瓜，带给我们一整天的好心情，同时，也让我们看到了默默努力和付出所带来的希望。

更神奇的是花槽里的一棵西瓜。这棵西瓜是真正的"三无"产品，无人播种无人浇水无人施肥，是初夏买西瓜吃，无意中将瓜子吐在了花槽里，它便"给点阳光就灿烂，有点土壤就发芽"了。一开始我也没看出来是什么苗，反正也懒得拔，喜欢长就长着吧。直到有一天，楼下的邻居对我说："你家的

西瓜长得真好，都垂到我家阳台了。我儿子可喜欢这个瓜了，每晚都要看一眼才去睡觉。"我这才恍然大悟，往下面一看，西瓜藤长了足足有两三米长，藤子上的几个西瓜都有小皮球大了。我既不清楚是啥品种，也没有对它进行什么摘心抹芽，任由它自我发挥，没想到还不赖嘛！仔细观察了一个多星期，发现瓜再也没有继续长大，就在7月中旬把它给摘了，抱着试一试的心情切开，哇！瓜瓤好红！尝一口，好甜！于是畅快地大快朵颐，好满足！第二天，我自豪地对邻居说："那个瓜你摘了给儿子吃吧，我尝过，超甜！"

PART 8

天台菜园种植计划之豆类菜

一、我们的生活离不开豆类蔬菜

"豆角谓之荚，其叶谓之藿"。藿作为我国古代著名的"五蔬"之一，其实就是大豆苗的嫩叶。大豆在全球共有100多个品种，而我国种植的90%都是黄大豆，简称黄豆。如今黄豆、毛豆（嫩黄豆荚，因带有细毛而被称为毛豆）仍然很常见，大豆苗的嫩叶却看不到人吃了。

豆类蔬菜是蔬菜当中一个非常重要的类别，国外很多地方甚至把豆类作为主食的一种，在我国，豆类还是作为蔬菜食用较多。

二、常见的豆类

常见的种类有豇豆、四季豆、扁豆、豌豆、黄豆等。这些是比较容易种植而且经常在餐桌上见到的豆类。它们具体的特点如下表所示：

表14　常见豆类菜一览表

蔬菜名称	是否直播	是否爬藤	食用部位	主要品种介绍
豇豆	温度达到时可以直播	大部分是	豆荚、豆粒	分为普通豇豆（爬藤）和矮豇豆（不爬藤）。颜色有白、绿、青灰、紫、花斑等。
四季豆	需要育苗	大部分是	豆荚、豆粒	分为蔓性、半蔓性及矮性，矮性优良品种多为国外引进，尚未普及
扁豆	需要育苗	大部分是	豆荚、豆粒	分为有限生长习性（无架扁豆）和无限生长习性（爬藤扁豆）。花色红花（紫花）与白花两类，荚果的颜色有绿白、浅绿、粉红与紫红等色
刀豆	需要育苗	大部分是	豆荚、豆粒	分为蔓生刀豆和矮生刀豆，蔓生品种长势强，蔓粗壮，产量高，矮生刀豆较少栽培
黄豆	直接播种	不爬藤	嫩豆粒、老豆粒	根据豆子的形状分为大粒种和小粒种，大粒种要求土壤肥沃，水分充足。小粒种较能适应不良的环境条件
豌豆	直接播种	不爬藤	嫩豆荚、豆粒、嫩梢	分为硬荚豌豆（豆用豌豆）和软荚豌豆（荚用豌豆）。软荚豌豆又进一步分为荷兰豆和甜脆豌豆。经常种植的多为硬荚豌豆
蚕豆	直接播种	不爬藤	豆粒	花有白、紫之分，豆荚有绿和黑紫等色，选择适合当地气候的品种即可

三、豆类菜的种植方法

001 豇豆

　　豇豆又名长豆、姜豆，为豆科豇豆属长形豆荚，起源于非洲。豇豆嫩豆荚肉质肥厚，包含易于消化吸收的优质蛋白质、适量的碳水化合物及多种维生

素、微量元素等，可补充机体的营养成分。李时珍称此豆"可菜、可果、可谷，备用最好，乃豆中之上品"。

何时种植? 3~5月，宜在当地晚霜前10天左右，南方从春季到秋季都可以播种。豇豆喜温暖，耐热性强，不耐低温。种子发芽适温25~30℃。生长适温20~30℃；开花结荚适温为25~28℃。对低温敏感，5℃以下植株受害，0℃时死亡。

种在哪里? 豇豆喜光，又有一定的耐阴能力，开花结荚期要求良好的光照。土壤宜选土层深厚、肥沃、排水好的壤土或沙壤土。

如何种植? 豇豆在20℃可自然发芽，温度达到可不用育苗直接播种，播后盖上2~3厘米的土，并浇透水；播种两天后根据土面干湿情况浇小水，保证出苗所需水分，一般5天可以出苗，出苗后及时间去病苗、弱苗；当幼苗长出2~4片真叶，定植，行穴距60/50厘米，每穴2株；株高30厘米需要追肥1次，并搭人字架和引蔓上架；现蕾开花后则要加强肥水供应，每7~10天施肥1次，一般追肥2~3次，追肥以腐熟的粪肥最佳；主蔓第1花序以下的侧芽应及早除去，使主蔓粗壮；主蔓第1花序以上各节位上的侧枝，留1~3叶摘心。主蔓长至15~20节，高达2米以上时摘心，萌生的侧枝留1叶摘心；结果期及时打掉下部老黄叶，增加通风。

如何采收? 豇豆开花7~10天后，豆荚饱满、种粒稍鼓起时采收最佳，太嫩没有产量，太老口感不好。豇豆第一次产量高峰过后的休整期，叶腋间新萌发出的侧枝也同样留1~3节摘心。

如何留种? 豇豆适合自留种子，选取具有本品种特征、无病、结荚位置低、结荚集中而多的植株做为留种株，留取

双荚大小一致，籽粒排列整齐，靠近底部和中部的豆荚做种。当果荚表皮萎黄时即可采收，将豆荚挂于室内通风干燥处，至翌年播种前剥出豆子即可，其种子生存力一般为 1~2 年。

⊡⊡2 四季豆

四季豆又名豆角、清明豆，原产南美洲，16 世纪引入我国。四季豆富含蛋白质和多种氨基酸，叶酸、维生素 B_6 均高于同类食物的平均值。常食四季豆可健脾胃，增进食欲。烹煮时间宜长不宜短，要保证四季豆熟透，否则会引发中毒。

何时种植？ 2~4 月或 8~9 月，四季豆喜温，遇霜冻即枯萎。种子发芽最低温度为 8~10℃，25℃ 左右最为适宜。生长及开花结果适温 18~25℃。

种在哪里？ 对光照要求较高，不耐荫蔽。以肥沃、疏松，富含有机质、土层深厚、排水良好的土壤种植为佳。

如何种植？ 在育苗碗里备上育苗土，准备适量的饱满、健康、表面光滑无损伤的种子；将种子凹进去的"肚脐"朝下，按在土里，间距 3~5 厘米；为摆放好的种子盖上 2 厘米的细土，然后浇透水；播种后保持土壤湿润但不积水，一般 3~5 天出苗；10 天后，苗 5 厘米高时，选择一个晴天定植，定植行株距 50/30 厘米；长到 30 厘米高，需要搭人字架进行支撑；开花结果期间要适当减少浇水量，并避免遭到暴雨的冲淋。

如何采收？ 花谢后约 10 天，豆荚长约 10 厘米即可采收，注意不要拽断茎蔓。采收期间，每周随水追施 1 次有机肥能大大提高产量。

如何留种？ 选择结豆早的植株上大而整齐的豆荚留种，外壳变黄干皱再采收，将豆粒作为种子晾干保存，也可以食用。

⊓⊓⊡ 扁豆

扁豆又名藊豆、蛾眉豆，起源于亚洲西南部和地中海东部地区，嫩豆荚和成熟豆粒均可食用。嫩豆荚的营养成分相当丰富，包括蛋白质、脂肪、糖类、钙、磷、铁及各种维生素等，此外，还有磷脂、蔗糖、葡萄糖。扁豆不能生食，一定要熟透才能食用。

何时种植？ 北方 4~5 月播种，中南部 3~4 月、8~9 月播种均可。扁豆喜温怕寒，遇霜冻即死亡。种子发芽适温 22℃ 左右。生长适温 20~30℃，开花结荚最适温 25~28℃，可耐 35℃ 高温。

种在哪里？ 较耐阴，对光照不敏感。对土壤适应性广，以排水良好、肥沃的沙壤土为佳。抗旱能力强，可以种植在离水源稍远的地方。

如何种植？ 在育苗碗里装上 2/3 的育苗土，每间隔 3 厘米挖 1 个小坑，放入 1 粒扁豆种子，然后盖上 2 厘米细土并浇透水；播种后每隔 2~3 天喷 1 次小水，约 7~10 天出苗；扁豆长出两片真叶时间苗，间苗后追肥 1 次，4 片真叶以上即可定植，行株距 60/40 厘米；蔓生种蔓长 30 厘米左右时开始搭架，棚架或人字架均可；开花后再追肥 1 次，浓度可适当提高，主蔓第 1 花序以下的侧芽应及早除去，使主蔓粗壮；主蔓第 1 花序以上各节位上的侧枝，留 1~3 叶摘心。主蔓长至 15~20 节，高达 2 米以上时摘心，萌生的侧枝留 1 叶摘心。

如何采收？ 当豆荚颜色由深转淡，籽粒未鼓或稍有鼓起时采收。若籽粒已

经完全鼓起，这时候再采摘豆荚就太老了，不妨让它们长到成熟后，剥取里面的豆粒食用；扁豆可以一直收获到霜降植株枯死为止。每采摘 1 次可以追施 1 次稀薄有机肥。

如何留种？ 选茎蔓中部的健康荚果留种，待豆荚充分成熟时采收，剥壳晾干后荫蔽收藏。

□□4 刀豆

刀豆属于豆科，因豆荚形似大刀而得名"刀豆"。刀豆的营养在鲜豆类蔬菜中属一般，但维生素、矿物质含量较高，含钠量少，是高血压、冠心病及需忌盐患者理想的营养保健佳蔬。烹制刀豆时，一定要烧熟烧透。

何 时 种 植？ 3~5 月或 7~8 月。刀豆喜温耐热，种子发芽适温 25~30℃，植株生长适温 20~25℃，开花结果适温 23~28℃。

种在哪里？ 喜强光，光照不足影响开花结荚。性喜湿润，也较耐旱，但不耐涝。适宜种植在利于排水、土层深厚肥沃的沙壤土中。

如何种植？ 将种子用温水浸泡 24 小时；在育苗碗里备土，准备几粒饱满、健康、表面光滑无损伤的种子；将种子凹进去的"肚脐"朝下，按在土里，间距 3~5 厘米；为摆放好的种子盖上 2 厘米的细土，然后浇透水；播种后保持土壤湿润但不积水，一般要 15 天左右出苗；长出 4~6 片真叶时定植，行穴距 50 厘米，定植成活后追肥 1 次；主蔓 50 厘米长时引蔓上架，开花前宜控制水分，不宜多浇；开花结荚期适当摘除侧蔓或摘心、疏叶，有利于提高结荚率。此时要适当减少浇水量，并避免暴雨的冲淋。坐荚后结合浇水追第 2 次肥，结荚中后期再追肥 1~2 次。应施用氮、磷、钾完全肥料，适当增施氮肥。

如何采收？ 当荚长 20 厘米以上时为嫩荚采收适期，从盛夏开始，陆续采收直至初霜。

如何留种？ 应选择结荚早且具品种性状的植株为留种株，并选基部荚果为种果，成熟后摘荚干燥，剥取种子贮藏。

005 黄豆／毛豆

在我国，大豆主要指黄豆，我国自古栽培，至今已有 5000 年的历史。黄豆优质蛋白质含量很高，远超牛奶和瘦猪肉，所以黄豆有"植物肉"及"绿色乳牛"之誉。还富含不饱和脂肪酸，具有降低胆固醇的作用。卵磷脂也较多，对神经系统发育有重要意义。

何时种植？ 北方 5~7 月播种，长江流域 4~6 月播种，华南地区四季可种。黄豆喜温暖，平均气温 24~26℃左右对黄豆的生长发育最适宜。抗寒力弱，−3℃即枯死。

种在哪里？ 对光照要求不高，需水较多，适宜种植在天台的北面，排水通畅、保水力强、富含有机质和钙质的壤土或沙壤土中。

如何种植？ 选用优质新鲜的干黄豆作为种子，在太阳下晒 2 天；按行株距 30/15 厘米开穴，穴深 2~3 厘米为宜，每穴播 2~3 粒，播后盖土浇水；保持土壤湿润，但不能过涝，一般 1 周即出苗。苗出齐后要立即间苗，每穴只留 1~2 株健壮幼苗；苗高 30 厘米左右时中耕培土并追施一些草木灰；开花后，若植株枝叶徒长，则可适当摘心。此后是果实生长旺盛的时期，需要追施 2~3 次有机肥，并保证水分供应。

如何采收？ 一般花后两周，籽粒丰硕饱满、豆荚鲜绿色时采收。可陆续采收至秋天叶子发黄干枯。嫩毛豆采收回家最好尽快食用，暂时不吃的话可以留在枝上继续生长，等成熟后剥掉豆荚食用新鲜黄豆米。等到秋季一次性收获回家，可以将成熟黄豆晒干存放。

如何留种？ 选择颗粒圆润饱满无虫眼的豆粒作为种子保存。

006 豌豆

豌豆又名回回豆，在我国已有两千多年的栽培历史，现在各地均有栽培。嫩梢、嫩荚、嫩豆均可食用。豌豆中富含人体所需的各种营养物质，尤其是含有优质蛋白质，可以提高机体的抗病能力和康复能力。

何时种植？ 2~4月春播或10~11月越冬栽培。豌豆喜冷凉湿润气候，耐寒，不耐热，发芽适温16~18℃，幼苗能耐5℃低温，生长期适温12~16℃，结荚期适温15~20℃，超过25℃结荚少、产量低。

种在哪里？ 稍耐旱而不耐湿，以排水良好、有机质丰富的沙壤土为宜。

如何种植？ 播种前用40%的盐水将种子浸泡24小时，淘去上浮不充实的或遭虫害的种子；于畦中间开浅沟播种，行株距25/20厘米，每穴播2~3粒种子，播后覆土2厘米即可；田间保持湿润状态，出苗后，每天淋1次薄水。出苗后3~4天进行追施1次腐熟人畜粪水；苗高20厘米左右，再追肥1次，浓度稍浓；至抽蔓后，可根据长势，将嫩梢采摘；豌豆开花后，需要再追施有机肥1次，花期要避免干旱；豌豆结果后，追施少量磷、钾肥。

如何采收？ 豌豆的嫩梢可以采摘食用，但次数不宜多，以免影响结豆。豌豆可以采食嫩荚，也可等到豆粒饱满，豆荚鼓起后剥取嫩豆。

如何留种？ 留种选择植株健壮、无病虫害的植株。当硬荚种的荚果达到老熟呈黄色或软荚种呈皱缩的干荚时采收。采收后晒干、脱粒，贮藏于干燥阴凉处。

007 蚕豆

蚕豆，又称胡豆、佛豆、罗汉豆，起源于西南亚和北非，蚕豆中的蛋白质含量丰富，且不含胆固醇，可以提高食品营养价值，预防心血管疾病。因此，蚕豆特别适合考生、脑力工作者及高胆固醇人群食用。特别注意，少数人会对蚕豆产生过敏，不宜食用。

何时种植？ 每年 10~11 月播种，越冬后春天收获。蚕豆喜温暖，不耐暑热，较耐寒。发芽适温 16℃左右。生长适温 14~16℃，开花结荚的适温为 15~20℃。

种在哪里？ 喜湿润，忌干旱，怕渍水。对光照要求中等。需肥较多，尤其是开花期。土壤以微碱性而肥沃，土层深厚的黏壤土为佳。

如何种植？ 将蚕豆种子在太阳下暴晒 2 天，后用 55℃水浸种 15 分钟，水凉后再浸泡 24 小时，即可准备播种；采用穴播，行株距 30/20 厘米，每穴放入 2~3 粒种子，然后将土面耙平并浇透水；保持土壤湿润，约 1 周后出苗，出苗后若发现缺苗，应及时补种；幼苗生长达 3~4 片真叶时，应适量追施氮肥，开花前追施磷、钾肥，可减少落花落荚，促进种子发育；从现蕾开花开始，应保持土壤湿润并追肥 2~3 次。开花结荚期，为保证养分供应，应进行打顶，控制植株生长。

如何采收？ 蚕豆荚充分鼓起即可采收，收获太早，豆粒还没长大，吃起来不够粉糯。若采摘时蚕豆已经老了，则可以剥掉豆荚和种皮，只食用豆瓣。

如何留种？ 采收老熟的种子，可在蚕豆叶片凋落，中下部豆荚充分成熟变黑时收获，晒干脱粒贮藏（不要剥掉种皮），等待来年种植。

PART 9

天台菜园种植计划之根茎类菜

一、来自土里的惊喜

　　有这样一类蔬菜，它们看起来其貌不扬，坑坑洼洼，灰不溜丢，甚至还带着泥土或砂石，但是它们却在我们的生活中发挥着特别重要的作用，不仅营养丰富，食法多样，还可以贮藏较长时间，或制成各种食品。不论是作为主食的土豆、甘薯、芋头，还是富含营养的萝卜、胡萝卜，它们都有一个共同的名字，叫根茎类蔬菜。

二、根茎类菜的种类和特点

　　根茎类蔬菜是以植物的块状根部或茎部作为食用对象的蔬菜。它们最大的特点就是埋在土里。所以，土层的深厚、疏松和土质的肥沃，将直接影响它们的生长。在施肥方面，它们的侧重点与叶类菜和瓜果类菜也有所不同，有时候地上部分过于发达茂盛，反而会影响地下部分的长势。

　　根茎类蔬菜主要分为块根和块茎两大类。如何区分这两类呢？最简单直观的办法，就是看蔬菜上有没有芽眼，会不会发芽？如果有芽眼，说明这是植物的茎，上面可以长出枝叶来，比如土豆。生姜虽然也是地下块茎，但由于用量很少，我们将它归在调味类蔬菜中。如果没有芽眼，只有一些细细的根须，那就是块根蔬菜，如甘薯、萝卜。

三、根茎类菜的种植方法

□□1 萝卜

萝卜，别名莱菔、芦菔。萝卜在我国有着悠久的栽培历史，南北方各地普遍栽培。其产品除含有一般的营养成分外，还含有淀粉酶和芥子油，有帮助消化、增进食欲的功效。

何时种植？ 根据品种和地点播种，以 8~10 月秋播为主。萝卜属半耐寒性蔬菜，喜冷凉。2~3℃ 种子开始发芽，发芽适温 20~25℃；叶片生长适温 5~25℃，肉质根生长适温 13~18℃。尽量避免在高温季节种植萝卜，萝卜长势慢且味苦。

种在哪里？ 适宜种植在土层深厚、富含有机质、保水和排水良好的沙壤土中，中等光照的地块，地势不宜低洼，以免积水烂根。

如何种植？ 选用新鲜健康的种子，用清水浸泡 12 小时；采取穴播，行株距 15/7 厘米，每穴摆放

2~3 粒种子，再用 1 厘米厚细土将种子盖上并浇透水；1 周后出苗，如果发现有的穴没有发芽，此时应立即补种；长出两片真叶时间苗 1 次，每穴只留 1 株壮苗，间苗后追肥 1 次；肉质根开始膨大，土面开始鼓起或裂开时，需要培土

1次，追肥时加入草木灰。整个生长过程中，要注意水分均匀供应，气候干燥时要注意浇水，多雨天要注意排除积水。肥料一定要保证是腐熟过的，否则会造成根部缺氧，萝卜黑皮或黑心。

如何采收？ 萝卜肉质根充分膨大，叶色转淡渐变黄绿时，可根据长势，收大留小，收密留稀。但收获最迟不能迟于抽薹或霜冻。萝卜叶也可以食用，嫩的可以炒食，是粗纤维健康食品，老叶有一股独特的辛辣味，可以做成腌菜或泡菜。

如何留种？ 选择健壮，具备本品种特征的植株作为留种株，当果实变黄，种子变为黄褐色时即可收割，收割后放置3~5天后熟，再晒干进行脱粒干燥保存。

◻◻2 胡萝卜

胡萝卜又称红萝卜，原产于中亚一带，早在元朝就传入我国。胡萝卜是一种营养价值较高的蔬菜，除含有多种维生素外，还含有丰富的钙、钾、铁等物质。

何时种植？ 春（3~4月）秋（7~8月）两季栽培，以秋季栽培为主。胡萝卜为半耐寒性蔬菜，其耐寒性和耐热性都比萝卜稍强。种子发芽起始温度为4~5℃，最适温20~25℃。叶生长适温23~25℃，肉质根肥大期适温是13~20℃，低于3℃停止生长。

种在哪里？ 胡萝卜属于耐旱性较强的蔬菜，在土层深厚、富含腐殖质、排水良好的沙壤土中生长最好，土壤要尽量疏松细密，若沙砾石块较多，则胡萝卜容易分叉。另外，要求有中等光照强度。

如何种植？ 选择新鲜饱满的种子，按15~20厘米行距开深、宽均为2厘米的沟，将种子拌湿沙均匀地撒在沟内，播后覆土1~1.5厘米，然后浇水，可覆盖稻草保湿保温；在2~3片真叶时间苗，留苗株距3厘米；长出3~4片真叶时再间苗1次，留苗株距6厘米。每次间苗时都要结合中耕松土；长出4~5片真叶时定苗，小型品种株距 12 厘米，大型品种株距 15~18 厘米，定苗后追肥 1 次；幼苗期应尽量控制浇水，保持土壤间干间湿，防止叶片徒长。幼苗具有 7~8 片真叶，肉质根开始膨大时，应保持地面湿润，结合浇水追肥 2 次，并注意培土。

如何采收？ 胡萝卜肉质根充分膨大，叶色转淡渐变黄绿时，为收获适期，可根据长势，收大留小，收密留稀。

如何留种？ 选择健壮、具有品种特性的植株留种，当花盘变成黄褐色、外缘向内翻卷、花下茎开始变黄时，即可采收种子。

□□3 土豆

土豆又名马铃薯、洋芋，最早种植于秘鲁，传入中国只有三百多年的历史。新鲜土豆可供烧煮作粮食或蔬菜。土豆的脂肪含量低，矿物质比一般谷类粮食作物高 1~2 倍，磷及维生素 C 含量尤其丰富。

何时种植？ 大部分地区 11 月至翌年 1 月栽种，土豆喜冷凉，10~12 ℃时发芽最快。0 ℃时，幼苗易受冷害，严重会导致死亡。

种在哪里？ 种植在保水、保肥能力强、肥力充足的沙壤土中为佳。喜光照，适宜种植在南向无遮挡的地方。

如何种植？ 选用表面光滑，大小一致的健康土豆，将每个土豆均匀切成几块，保证每块至少有 1 个芽眼（土豆表面的小凹陷）；将土豆块平放在 20 厘米深的土壤上，芽眼向上，然后铺上 5 厘米厚土。播种后保持土壤湿润，15 天后即会发芽；在苗高 25 厘米左右时，进行 1 次中耕培土，培土 5~7 厘米，可追肥 1 次；土豆开花后即进入收获期，需要及时追施 1 次腐熟有机肥。

如何采收？ 土豆在开花的同时，地下块茎就可以陆续收获，一般是 5 月下旬至 7 月，其中以 6 月中旬收获的土豆品质最佳。家庭种植可以随吃随挖，一直采挖到 7 月底土豆藤开始枯黄时，一次性收获，此时的土豆较耐储存。

如何留种？ 挖出的土豆，选择表面光滑，大小适中、没有虫眼的土豆留作种用，放在阴凉干燥的地方保存，冬季温度不得低于 0℃。因土豆方便购买，也可不留种，随种随买。

004 芋头

芋头又称芋、芋艿，原产于印度，有 100 多个品种芋头的营养价值很高，块茎中的淀粉含量达 70%，既可当粮食，又可做蔬菜，是老幼皆宜的滋补品，秋补素食一宝。

何时种植？ 多为 3~5 月种植，播种一般在当地终霜后，日均气温达到 13~15℃时进行。

种在哪里？ 芋头原产高温多湿地带，故适合种在有机质丰富，保肥、保水力强，土层深厚的黏壤土中，地势低洼或能蓄水的地块尤佳。对光照等要求不高，一般光照强度即可。

如何种植？ 选择无伤口，顶芽的芽尖保存完好，重量在 50 克左右，呈圆球形的小芋头作为种芋；播前 15~20 天需进行催芽，将芋头先晒 1~2 天，然后密排于催芽容器内，经常喷水保湿，使温度控制在 18~20℃，经 15~20 天芽长 1 厘米，即可准备种植；芋种间隔 2 厘米，种植深度 3~5 厘米，种后立即覆盖地膜保温。每 2~3 天检查 1 次，保持土壤潮湿播种 1 个月后，芋苗有 2 片真叶时定植。定植行株距 45/25 厘米；夏季早晚各浇水 1 次，或在旁边划上浅沟灌入 5~7 厘米的水层；立秋后随着天气转凉，浇水次数逐渐减少，3 天 1 次即可。此时芋头已经长得很高，需要追施腐熟的畜禽粪尿或饼肥等长效肥料，并配合磷、钾肥，收获前 10 天停止浇水。

如何采收？ 在霜降前后，芋头叶片均已变黄衰老，就表明地下球茎已经成熟，是收获的最佳时期。采收前先割去地上部分，待伤口干燥愈合后选晴天采收。

在给生芋头剥皮的过程中，最好戴上手套，否则芋头皮接触皮肤会引起瘙痒，如已产生瘙痒，可以擦姜汁缓解。烹煮时，在还没有烧透前，切记不能调味，否则不易酥软。

如何留种？ 留种的芋头，应选无病健壮株、个大健壮、无病害、体形均匀的芋头，收时注意勿伤芋头，挖出后除掉败叶痕迹，然后晾晒 1~2 天，保温贮藏。南方种芋可不收，留在土间越冬。

005 甘薯

甘薯又名红薯，含有丰富的淀粉、膳食纤维、胡萝卜素等，营养价值很高，被营养学家们称为营养最均衡的保健食品。常吃甘薯能够减肥、健美、防

止亚健康。紫薯与红薯的营养成分基本相同，但是多了硒元素与花青素，所以更受人们的喜爱。甘薯叶还可以作为叶类蔬菜食用，有提高免疫力、止血、降糖、解毒、防治夜盲症等保健功能。

何时种植？ 一般在 5~6 月扦插，若是自己育苗，则在 4 月就要开始栽种育苗。甘薯性喜温，不耐寒，最适宜的生长温度为 16~35℃，长期在 35℃ 以上时，容易发生薯块"糠心"现象。温度达到 40℃ 以上时，容易伤热烂薯。

种在哪里？ 土层深厚、潮湿、富含有机质的沙壤土中，对光照要求不严。

如何种植？ 选适合当地种植的优良种薯 2~3 个，要求大小均匀，外皮光滑，无冻害和病虫害；上足底肥，放上育苗土，浇透水，待水全部下渗后，将种薯头朝上放入土中，然后覆土 2 厘米，栽后立即覆膜；播种 25 天左右开始陆续出土，35 天左右全苗。在苗高 2 厘米左右时，须在出苗处人工破膜引苗，使小苗暴露于空气中；甘薯藤长达 20 厘米以上时，可剪下长 15 厘米的段，留 3~5 片叶，按秧苗头向东南、顺风向栽植的方法扦插，长蔓品种、地力较肥的地块行株距 60/30 厘米，短蔓品种 40/20 厘米。扦插时将秧苗埋土 5~7 厘米深，地上露 3~4 片叶，栽秧后浇足水。种薯上的藤可以继续生长，多次剪下扦插；扦插后若天气较热，则需要每天浇水，1 周后检查成活情况，及时补插。全部成活后，可以减少浇水，1 周 1 次即可。栽种成活后要早中耕、勤除草，当红薯主茎长至 50 厘米时，选晴好天气上午摘心；分枝长至 35 厘米时继续将分枝摘心。甘薯藤蔓发达，一般是匍匐在地面上成长。藤蔓靠近土地的部位又开始扎根，所以需要有意识地将甘薯茎蔓提起，与土壤分离，之后仍放回原处，不使茎叶损伤、翻转。整个生长期最好提蔓 2~3 次。

如何采收？ 甘薯的嫩叶嫩梢可以采摘食用，但采摘过于频繁容易影响地下薯块的成长发育。薯块一般是在气温下降到 15℃ 时开始收刨，持续到寒露前后收刨完毕。甘薯不同于其他作物，采收后须尽早食用，相反，收获的甘薯储存一段时间后，会更软更香甜，原因是其中的淀粉水解变成了糖。甘薯一般是蒸煮食用或做成各类甜点，甘薯叶可以焯水后凉拌、清炒或做成酱菜佐餐。

如何留种？ 选择无病虫害，个头中等的甘薯留种，于寒露前集中采收完毕后，需要放在通风的地方晾晒几天，然后储存在温暖通风处。也可以不保留种薯，种植前购买或者直接从农民手中购买甘薯秧扦插。

006 凉薯

凉薯又名豆薯、沙葛，其块根肥大，肉质洁白，脆嫩多汁，富含糖分、蛋白质和丰富的维生素C，营养价值很高，具有降低血压和血脂的功效，可生食，也可熟食。但种子及茎叶含鱼藤酮，对人畜有毒，家庭种植时注意不要误食。

何时种植？ 华南地区2~3月播种，华北地区4~6月播种。凉薯为喜温蔬菜。发芽期要求30℃的温度，地上部及开花结荚期适温度25~30℃。块根可在较低温度条件下膨大生长，但低于15℃会受到抑制。

种在哪里？ 种在土层深厚、疏松、排水良好的壤土或沙壤土中为宜。其根系强大，吸收力很强，较耐干旱和瘠薄。喜光照，宜种植在阳光比较充足的地方。

如何种植？ 凉薯种子坚硬，不容易发芽，因此先将种子浸水10小时，吸水膨胀后放在25℃左右的环境下催芽，每天取出漂洗1次，4~5天后选已露白的种子播种；采取穴播的方法，每穴播种子1~2粒，播后盖土2~3厘米，约半月左右小苗出土；幼苗有4片以上真叶时就可以定植，行株距40/30厘米；整个生长期间，每5~7天浇水1次，每1个月追肥1次；主蔓30厘米高时摘心，并随时摘去过多的花序。

如何采收？ 肉质根膨大后即可收获。最迟霜冻前要将肉质根挖出收获。收获前3~5天不要浇水，以免水分过多，影响肉质根的品质。

如何留种？ 凉薯种子成熟过程缓慢，开花后约需3个月种子才能成熟，且需消耗大量养分，因此留种株不适宜采收肉质根。在收获期，选择植株生长健壮、藤细、无病虫害，块根扁纺锤形、表皮光滑而薄，纵沟少而浅，以及具有本品种其他特性的植株作留种母株。

007 山药

山药原名薯蓣，因避讳唐代宗名李预改为薯药；北宋时因避宋英宗赵曙讳而更名山药。河南怀庆府（今博爱、武陟、温县）所产最佳，谓之"怀山药"。"怀山药"曾在1914年巴拿马万国博览会上展出，蜚声中外。《本草纲目》说山药有补中益气，强筋健脾等滋补功效。

何时种植？ 要以终霜后为宜，一般在4月播种。山药喜温暖气候，每年春季10℃以上时，山药才开始发芽，发芽的适宜温度为22~25℃。块茎进入生长和膨大期时，最适宜的温度为20~30℃。低于15℃生长发育缓慢，低于10℃块茎停止生长。地上部分经霜就枯死，地下部分也不耐冰冻。

种在哪里？ 适宜在土层深厚肥沃、向阳、背风、排水良好的中性沙质土壤中栽培。不耐水涝，因此不适宜种在地势低洼的地方。

如何种植？ 山药种子不易发芽，但无性繁殖能力强，可用山药块繁殖；播种前15~20天，将每段或每块有3~5个芽眼的种薯放在25~28℃的环境中培沙，密闭保温，当幼芽从沙中露出时即可播种；开沟播种，沟深8~10厘米，按照行距30厘米、株距24厘米摆放块茎，覆盖细土一层压紧，土不宜盖深，以不露种根为度。

种后浇少量水润湿土壤即可；苗高 30 厘米左右，应设立支柱，使蔓茎缠绕柱上，并及时锄草，增施追肥。

如何采收？ 一般山药应在茎叶全部枯萎时采收，过早采收产量低，含水量多易折断。也可在地里保存过冬，最迟可到翌年 3 月中下旬，萌芽前采收；部分品种的山药会在蔓上结出珠状芽，俗称"山药豆"，山药豆的食用方法和地下块茎部分相同。

如何留种？ 选择色泽鲜艳，顶芽饱满，块茎粗壮，瘤稀，根少，无病害，不腐烂，未受冻，重 150 克左右的块茎留作种薯，冬季注意保温存放。

菜园心语：土里刨食的感觉，真好！

经常有朋友问我，什么时候感觉自己最像一个农夫？我总是毫不犹豫地回答：土里刨食的时候！是的，不是浇水施肥弄得满头大汗的时候，不是摘瓜采果抱得盆满钵满的时候，而是从土里一点一点刨出所种的红薯、土豆、萝卜，并时不时发出一声惊呼的时候！

土里刨食，要有仪式感和敬畏心。土豆、红薯、花生、芋头等根茎类蔬菜，都是等到地下部分膨大以后，在一个比较集中的时间开挖。就拿红薯来说，需要在霜降之前全部收获完毕。于是乎，挖红薯的那一天，成了一个特别重要的日子：首先，这一天要选择下过雨之后的晴天，因为此时土地松软，挖土时能够节省不少力气；其次，开挖之前要睡个好觉，并吃饱饭，这样才能一鼓作气，完成收获；最后，还要提前准备好铁锹、大锄头、小锄头和手套等工具。铁锹用于把土块给挖开，大锄头用于把薯块给翻出来，小锄头用于敲掉薯块旁边的土块，戴上手套则方便把薯块拔出来并进行分拣。准备就绪后，重头戏

来了。如果你以为挖红薯是个纯体力活，那可就错了。看似简单的工作，其实也有不少小诀窍哦！开挖之前，要先把苕藤剪去，只留大概20厘米，然后顺着藤开挖。剪的过程中，如果发现土面裂开了好多缝隙，裂的缝越大下面的红薯就越大。挖的时候，不能太靠近根部，不然一锄头抡下去，红薯就被挖破了。挖破了的红薯不耐保存，因此破的越少越好。这种体力与技巧并重的活儿，一会儿就让人浑身发热，衣服脱了一件又一件，四肢都活动开了，脸色也红润了，像刚刚跑完800米。土里刨食，要的就是这个畅快！

土里刨食，最享受探索未知的过程。最初的心情是忐忑不安的，因为这一季所付出的辛勤劳动和汗水，都要在今天见真章了。地上部分往往带有很大的欺骗性，看着枝繁叶茂的，很可能土里都是小不点。因此，不到真正开挖，你都不敢对今年的收成作出判断。而不断采挖的过程，也是我们不断修正心里预期的过程。总体来说，兴奋会大于失望，尤其是当挖到了"巨无霸"的时候，"哇！哇！！哇！！！"的惊叫声简直穿透云霄，这就是土地带给我们的意外惊喜。

一天的劳作之后，这些圆滚滚的家伙堆在墙角，让人迫不及待就要拍照发朋友圈分享。我们的日子很普通，但我们的生活充满着阳光，充满着快乐。

PART 10

天台菜园种植计划之香草和药食同源类蔬菜

一、香草用量很少，但味道令人难忘

香草泛指富含挥发油性物质的一些植物，它们多半具有香、辛、辣等特点，独特的香味与食物搭配，碰撞出无数种可能。它们的用量很少，但往往起到画龙点睛的作用。这样的蔬菜，根据需要，种植上一小片，基本就能满足全家需求了。

香草多属于草本植物，一般的食用部分主要是指茎叶，但是也有很多香草的花、果实、种子、根等都能加以利用。它们不仅有调味作用，还有一定药用价值。

二、香草的种植方法

□□1 荆芥

荆芥又名假苏、姜芥，是一种具有特殊芳香的调味类蔬菜，与罗勒、紫苏同属于唇型花科。荆芥香气浓郁、味道鲜美，不但是上佳的调味品，还具有解表散风的作用，具有发汗、解热、镇痰、祛风、凉血之功效，常用于治疗流行感冒、头疼寒热、呕吐等症状。

何时种植？ 荆芥喜温暖，不耐寒。种子发芽适温为 15~20℃，生长适温为 15~30℃，冬季霜后枯死。春、夏、秋三季均可种植，春播于 3 月至 4 月上旬；夏播于 6~7 月；秋播于 8~9 月。

种在哪里？ 喜光照充足环境，不耐阴。以土层深厚、潮湿、富含有机质的沙壤土栽培为佳。

如何种植？ 将土地深耕 25 厘米左右，并施足基肥；按行距 20~25 厘米开 0.6 厘米深的浅沟。将种子用温水浸 4~8 小时后与 3 倍细沙拌匀，播种时将种子均匀撒于沟内，覆土耙平，稍稍压下并浇透水；保持土壤湿润，约 1 周后出苗；苗高 6~7 厘米时，按株距 5 厘米间苗，拔下的嫩苗可以食用。

如何采收？ 荆芥嫩苗和嫩叶可随用随采，植株最高能长到 1 米，可一直收获到 10 月结果后。秋季初霜前一次性收获完毕。

如何留种？ 一次性收获前，在田间选择株壮、枝繁、穗多而密、又无病虫害的单株做种株。当种子充分成熟、籽粒饱满、呈深褐色或棕褐色时采收，晾干脱粒，去除杂质，放在干燥阴凉处保存。

002 罗勒

罗勒又名九层塔、金不换，全草有强烈的香味，香味很像丁香、松针的综合体。罗勒嫩叶可食，许多人将罗勒叶作为调味蔬菜，能辟腥气。亦可泡茶饮，有驱风、芳香、健胃及发汗作用。罗勒品种繁多，是一个庞大的家族。一般而言会散发出如丁香般的芳香，也有略带薄荷味，稍甜或带点辣味的，香味随品种而不同。目前较为受欢迎的有甜罗勒、紫罗勒、绿罗勒、密生罗勒、丁香罗勒、柠檬罗勒等。

何时种植？ 罗勒喜温不耐寒，发芽适温 15~25℃，最适宜生长温度为 25~30℃。8~10℃停止生长，0℃左右全株逐渐枯萎。南方 3~4 月播种，北方 4 月下旬至 5 月播种。

种在哪里？ 土壤以土层深厚、潮湿、富含有机质的壤土为佳。喜欢光照充足环境，不耐阴。

如何种植？ 将新鲜饱满的罗勒种子用 50℃水浸泡 20 分钟，自然冷却后再浸泡 10 小时；捞出充分吸水的罗勒种子，洗去表面的黏液，沥至半干，将种子用湿毛巾或纱布包好，放在 25℃左右的温度下进行催芽；大部分种子露白时，选择晴天的上午，将种子均匀撒在育苗碗里，然后盖上 1 厘米厚的土并浇透水；3 天后，罗勒就会出苗；苗高 3~5 厘米时进行间苗，并追肥 1 次；苗高 8

厘米左右，可按照 15/15 厘米的行株距定植，开花前摘心 1 次。

如何采收？ 株高 15 厘米以上即可不定期采摘嫩叶食用，但是要注意均匀采摘，不要只摘一边，罗勒叶可以一直采摘到种子成熟。药用罗勒茎叶在 7~8 月采收，割取全草，晒干即可。

如何留种？ 若需留种，则在 8~9 月种子成熟时收割全草，在太阳下晒 2~3 天，打下种子筛去杂质即可。

003 薄荷

薄荷又名苏薄荷、水薄荷、鱼香草。薄荷叶的清香能够缓解紧张的情绪，并且帮助人们从疲劳的状态下释放出来，有利于改善睡眠质量，提神醒脑。经常食用或饮用薄荷，可以促进全身血液通畅，强身健脾、增强体质。薄荷是芳香植物的代表，品种很多，每种都有清凉的香味。花色有白、粉、淡紫等，主要品种有胡椒薄荷、绿薄荷及留兰香薄荷等。胡椒薄荷属杂交种，栽培历史悠久，被广泛用于泡茶、咖啡及烹调；绿薄荷（荷兰薄荷）香味浓，是世界最通用的品种。留兰香薄荷被广泛应用于化妆品、牙膏、口香糖等，但不作药用。

何时种植？ 薄荷喜温，根茎在 5~6℃就可萌发出苗，适宜生长温度为 20~30℃，0℃地上部分即枯萎，根比较耐寒，−30℃仍能越冬。薄荷的分株繁殖简单易行，一年四季均可，以春季为佳，尽量避免酷热和严寒季节。

种在哪里？ 对土壤要求不严，以疏松肥沃、排水良好的沙壤土为佳。喜光照充足的环境。

如何种植？选择没有病虫害的健壮母株，使其匍匐茎与地面紧密接触，浇水、施肥两次。待茎节产生不定根后，将每一节剪开，每一分株就是1株秧苗；施腐熟有机肥作基肥，深翻土地，耙平整细。将薄荷苗按照行株距15/10厘米定植在土里；定植后浇透水，缓苗后及时中耕除草，每20天追肥1次；秋季应逐渐减少浇水施肥，为越冬作准备。若冬季有保暖设备，则地上茎叶可常绿常收。

如何采收？薄荷叶一年四季都可采摘，而以气候适宜的4~8月产量最高，品质最佳。开花不影响收获。药用薄荷一般每年采收两次，第一次是在小暑节前5~6天，叶正茂盛，花还未开放时，割取地上部分；第二次是在秋分至寒露间，花朵盛开，叶未凋落时。药用以第2次采收的为最好。两次采收的茎叶可洗净、切断、晒干，放瓮中防失香气或被霉蛀，供全年药用。

如何繁殖？薄荷属多年生植物，根系发达，每年春季结合翻土换土，可分离出大量新的植株。

004 紫苏

紫苏为唇形花科一年生草本植物，原产中国，种植应用约有近2000年的历史。其富含胡萝卜素、维生素C及维生素B_2，有助于维持人体免疫功能，增强抗病防病能力。全株均可入药。紫苏叶片有紫色和绿色两种，绿色紫苏又名绿苏。

何时种植？紫苏性喜温暖，种子在地温5℃以上时即可萌发，发芽适温18~23℃。生长和开花适温22~28℃。3月末至4月初露地播种或育苗移栽。

种在哪里？喜光照，也较耐阴，中等光照条件即可。较耐湿，不耐干旱。适合排水良好的疏松肥沃的沙壤土或壤土。

如何种植？播种前苗床要施足基肥，浇足底水，将种子均匀撒播于床面，盖一层见不到种子颗粒的薄土，再均匀撒些稻草覆盖，以保温保湿，经7~10天即发芽出苗；发芽后注意及时揭除覆盖物，及时间苗，一般间苗3次，以达到不拥挤为标

准，苗距约 5 厘米见方，最后
一次间苗时需追肥 1 次；紫苏
具有 4~6 片真叶时即可定植，
行株距 30/25 厘米；在整个生
长期，要求土壤保持湿润，利
于植株快速生长。每 10~15 天
追肥 1 次，株高 15 厘米摘心。

如何采收？菜用紫苏，可
随时采摘叶片，采摘可一直持
续其到开花结果。

如何留种？秋季种子成熟时，割下果穗，种子晾晒 7~10 天，脱粒后放在
阴凉干燥处保存。

三、这些菜不仅仅是菜，还是家庭小药箱哦

我国中医学自古以来就有
"药食同源"（又称为"医食同
源"）理论。这一理论认为：许
多食物既是食物也是药物，食
物和药物一样同样能够防治
疾病。

有一类新特蔬菜，例如紫
背天葵、土人参、鱼腥草等，
它们既是菜，也可以说是药，
因为它们具有明显的药用和保
健功能。我们将这类蔬菜称为药食同源类蔬菜。

在天台菜园种上一批药食同源蔬菜，可摆脱季节和地域的限制，时时品尝
它们独特的风味，体验它们特殊的功效。

四、药食同源类菜的保健作用和食用方法

药食同源类蔬菜进行家庭种植时，主要作菜用，以日常生活的食疗来达到一定的保健效果。无论哪种药食同源蔬菜，都不要过量食用，一般每周食用 1~2 次即可。

表 15　药食同源类蔬菜功效及食用方法

品种	健康功效	食用方法
紫背天葵	对儿童和老人具有较好的保健功能，具有活血止血、解毒消肿等功效。同时还是产后妇女和缺血、贫血患者适宜常食的一种补血蔬菜	嫩茎叶可焯水后凉拌、清炒或做汤、涮火锅，口感嫩滑，具有特殊风味。茎叶或肉质根还可泡酒、泡茶，呈淡紫红色，味微酸带甘甜
鱼腥草	能清热解毒、消肿疗疮、利尿除湿、健胃消食，对各种病菌、病毒有抑制作用，并能提高人体免疫调节功能	一是将地下茎除去毛根，洗净切段凉拌生吃，清脆爽口，但腥味较重；二是将地下茎连同嫩茎叶一同煮汤、煎、炒或炖，清香宜人，入口即化，略有腥味；三是腌渍加工成咸菜食用，酸香生脆，令人开胃。夏季常喝鱼腥草煮水，可以清热祛火
马齿苋	全株可入药，具有解毒、抑菌消炎等药效。常食马齿苋可增强人体免疫力，防治心脏病、高血压、糖尿病等。民间常用马齿苋煮水饮用来缓解腹泻。新鲜马齿苋取汁水外涂，具有收湿止痒、清热消肿的作用	嫩茎叶可炒食、凉拌、做馅、做汤、煮粥等。凉拌前需焯水。焯水后晾至半干，再爆炒，有腌渍食品的特有味道。晾至全干，可长期存放，随吃随取，用凉水泡开即可。特别注意，马齿苋为寒凉之品，孕妇禁止食用

（续）

品种	健康功效	食用方法
蒲公英	有清热解毒，利尿散结的功效。其鲜叶还有改善湿疹、舒缓皮肤炎症的功效，根则具有消炎作用，花朵煎成药汁涂擦可以去除雀斑	嫩叶可生吃、炒食、做汤、焯拌，风味独特。凉拌焯水可减少苦味。蒲公英炒肉丝具有补中益气解毒的功效。花可以泡酒或作为配料腌渍成泡菜，经常食用具有提神醒脑的功效
土人参	可辅助治疗气虚乏力、体虚自汗、脾虚泄泻、肺燥咳嗽、乳汁稀少等症，具有通乳汁、消肿痛、补中益气、润肺生津等功效	嫩茎叶品质脆嫩、滑软多汁，炒食、做汤、凉拌均可。肉质根可凉拌，亦宜与肉类炖汤，药膳两用

五、药食同源类菜的种植方法

□□1 紫背天葵

何时种植？ 春季4~6月和秋季9~11月进行扦插。

种在哪里？ 对土壤要求不严格，但以疏松肥沃、富含有机质、地层深厚的土壤为佳。较耐阴，在树阴或房屋前后隙地和向阴的地坎边均生长良好。光照充足时，其叶色更鲜艳亮泽。但忌烈日灼射，在炎热夏季强阳光的暴晒下，生长不良。由于紫背天葵较怕冻，最好种植在容器中，冬季可以搬入室内，或种植在方便覆盖薄膜的地方。

如何种植？ 选充实节段，剪取长10厘米左右，具有3~4节的枝条带叶扦插于沙床上；扦插后遮阴，保持苗床潮湿，约10来天即生根；对定植地块要进行深翻，并施基肥，基肥以腐熟人畜粪为主，加入少量草木灰。定植行株距

30/15 厘米，栽后立即浇水，促进成活。因扦插苗根系较弱，移苗时尽量带土，以减少伤根；定植一周后植株成活，即浇 5% 左右的稀薄粪水；天气炎热干旱时早晚各浇水 1 次，其他季节 2~3 天浇水 1 次；较喜肥，除施足有机基肥外，生长期和采收期还应根据生长情况多次追肥。冬季注意保温，使其安全过冬。

如何采收？ 定植后 30~40 天即可开始采收，采收时应采摘顶端具有 5~6 片叶的嫩枝，基部留两个节，以便继续萌发出新枝梢。只要环境适宜，全年都可陆续采收，春季 5~6 月分和秋季 9~11 月分产量最高，平均 7~10 天采收 1 次。每次采收后都要施 1 次追肥，用 30% 的稀粪水泼浇。每采收 2~3 次，要撒一些草木灰。

如何繁殖？ 紫背天葵是多年生植物，因节部易生不定根，栽培上均采用扦插繁殖。扦插不需每年进行，一般 3 年进行 1 次。

⃞⃞2 鱼腥草

何时种植？ 一年四季均可进行，但以春季种植最佳。

种在哪里？ 鱼腥草喜温暖，较耐寒，喜阴凉，可种植在树下或北坡。土壤以肥沃的沙质壤土及腐殖质壤土生长最好，不宜用黏壤土和碱性土壤栽培。

如何种植？ 3~4 月将老苗的根茎挖出，选白色而粗壮的根茎剪成 6~10 厘米小段，每段带 2 个芽，栽植深度为 3~4 厘米。分株繁殖应在 4 月下旬挖掘母株，分成几小株，按上法栽种；栽种后注意浇水，需保持土壤潮湿，勤锄杂草；4~6 月为快速生长期，可追肥 2~3 次，浓度由淡到浓；喜湿润，不耐干旱和水涝。较喜肥，生长期和采收期还应根据生长情况追肥，以粪肥为主，草木灰为辅；11 月需追肥 1 次，掺入少量草木灰，11 月下旬开始谢苗，翌年 3 月返青。

如何采收？ 4~10 月均可采收嫩茎叶以供食用，可多次采收，每次采收后追肥 1 次。鱼腥草 5 月左右开花，6~7 月结果，开花结果不影响茎叶采收。药

用的鱼腥草宜在花穗多、腥气最浓时选晴好天气采收，收割后及时晒干；根在秋冬两季采挖较为理想，因这时根茎肥大、营养丰富。

如何繁殖？ 鱼腥草种子发芽率仅为 20% 左右，因此不宜采用播种繁殖，而用地下根茎繁殖或带根的壮苗分株繁殖栽培。

003 马齿苋

何时种植？ 一般 2~8 月（气温超过 20℃）均可播种。春播品质柔嫩，夏秋播种易开花，口感粗老。

种在哪里？ 对土壤要求不高，但最适宜温暖、湿润、肥沃的沙壤土。对光照的要求不严格。强光、弱光下均可正常生长。

如何种植？ 播种前，先将土壤浇足底水，待水渗下后，将种子与细沙混匀后撒播，随后覆盖 0.5 厘米厚细土；播后应注意保温保湿，早春播种的出苗较

晚，需 7~15 天，晚春和秋播的出苗只需 4~6 天；出苗 7 天后间苗，株距 3~4
厘米左右时，间苗并结合浇水追肥 1 次；较耐旱，但喜湿润，一般一周浇水
2~3 次；喜肥，生长期间经常追施少量氮肥，其茎叶可以生长肥嫩粗大，增加
产量，改善品质。留种株可适当增施点磷钾肥。

如何采收？ 当苗高 15 厘米左右时，开始间拔幼苗食用，保持株距 7~8 厘
米，苗高 25 厘米以上时，正式采收。采摘时掐去嫩茎的中上部，根部留 2~3
节主茎，使植株继续生长，直至植株开花。每次采收后追施有机肥 1 次。

如何留种？ 马齿苋的蒴果成熟期有前有后，一旦成熟就自然开裂或稍有振
动就撒出种子，且种子又很细小，采集时可以在行间或株间先铺上废报纸或薄
膜，然后摇动植株，让种子落到报纸或薄膜上，再进行收集。如果天台菜园种
植面积较大，可留一些种株让其开花结籽，散落在土里的种子来年会自己出
苗，不用采种播种。

004 蒲公英

何时种植？ 从春到秋都可以种植。
夏季播种时要注意遮阴保湿。早春播
种需要进行一定的保温。

种在哪里？ 对土壤适应性很强，
喜疏松肥沃排水好的沙壤土。喜阳光，
自然阳光下长势良好，阳光不足则叶
片生长缓慢。

如何种植？ 选择向阳的地块，施
足基肥并拌匀。在畦内横向开小沟，
沟距 12 厘米，沟宽 10 厘米，将种子

播于沟内，覆土约 0.5 厘米并浇透水；播种后，保持土壤湿润，10~15 天出苗；
苗出齐后，长出两片叶片时要及时进行间苗。每行间掉过密的苗，株距保持在
2~3 厘米。间苗的同时拔除杂草；苗高达到 10 厘米以上，具有 4 片真叶时可
以定植。株行距一般为 25/25 厘米，肥水较好的地块还可以减小密度；定植成
活后根据生长状况追肥 1~2 次；播种当年一般不采叶，以促进其繁茂生长。入
冬后若温度低于 −5℃，则需要覆盖薄膜保温或移入室内。

如何采收？ 作蔬菜栽培时不收全株，在叶片长至 15 厘米以上时可随时采收叶片。以药用为目的，可于第二年春秋季节植株开花初期挖取全株。

如何留种？ 蒲公英播种后第二年即可开花结果，随着生长年限的增加，开花朵数和种子产量逐年提高。因此可以保留固定的留种植株。开花后

13~15 天种子即可成熟。当花盘外壳由绿变黄绿时，种子也由乳白色变成褐色，此时就可采收。采种时可将花序摘下，放在室内存放 1~2 天后熟，至种子半干时，用手搓掉种子头部茸毛后干燥储存备用。蒲公英的种子没有休眠期，种子成熟后，即可播种。

005 土人参

何时种植？ 露天栽培以 2~5 月为最佳播种期。

种在哪里？ 对土质要求不高，以疏松、肥沃的沙壤土为佳。较耐阴，但在日照充足的条件下能长得更好。

如何种植？ 浇足底水，将种子均匀撒在土里，然后盖一层细沙土，最后覆盖塑料薄膜。若在适温季节播种，可以

省去育苗的步骤，直接在大田播种；保持床土湿润，一般 7~10 天即可发芽；出苗后，应及时揭除塑料薄膜。同时搭建遮阳物，以防强光照射或大雨冲淋，施 1 次人粪尿水；当苗株长至 10 厘米时，即可定植，行株距 30/30 厘米。平时保持土壤湿润，但不能积水，积水容易烂根，因此宁干勿涝。除基肥外，生长

期还需追施浓度在 20%~30% 的淡肥水 2~3 次。

如何采收？ 在植株生长到 15~20 厘米高度时，便可不断长出分枝，此时即可开始采摘。着不断采摘，新的嫩芽不断冒出层出不穷。此时再施 1 次人粪尿水。土人参 5 月开始开花，边开花边结果，花期可延续到 9 月。开花结果期间，叶片仍可采摘。土人参若主要作蔬菜用栽培，可增施肥水，促进芽叶萌发，提高产量；如作药材用栽培，宜少施肥水，以增强药效和质量。待秋末冬初，将根挖出，除去茎秆及细须根，用清水洗净，刮去表皮，蒸熟晒干可作药用。

如何留种？ 果期为 6~11 月。种子成熟后要分批采收，最好用小剪刀把成熟的果穗剪下，晾干后脱粒保存。